高等学校应用型本科系列教材

微机原理及应用实验指导书

（基于 EDU-STM32 开发板）

刘显荣　吴云君　张元涛　编著

西安电子科技大学出版社

内 容 简 介

本书以 STM32F103VC 为核心构建了从基础实验到综合训练的实践教学体系，同时涉及当前应用较为广泛的标准库和 HAL 库两种开发方法，可以有效满足教与学等方面的需要。

全书分为 4 章：第 1 章介绍了 EDU32 开发板及其基本应用，其中总结的 MDK 常见错误处理方法在日常教学中具有较好的参考价值；第 2 章是基础教学实验，采用模块化设计，展示了一个多文件项目由简及繁逐步迭代的开发过程；第 3 章的各个实验项目配合 HAL 库介绍了 ST 公司最新的 CubeMX 工具，让学生接触到当前的嵌入式开发新技术；第 4 章的计算机温度闭环控制系统综合性实验则给出了一个比较完整的项目开发流程，不仅有项目总体设计和软、硬件设计，还有 PID 算法理论和代码优化，提升了综合训练项目的高度。

本书可作为高等学校电气信息类专业本科生及非计算机专业研究生“微机原理及应用”或“微机原理与接口技术”课程的实验和综合训练教材，还可作为计算机及相关专业大专和各类嵌入式培训班的实训教材或参考书，本书对工程技术人员也有一定的指导意义和参考价值。

图书在版编目(CIP)数据

微机原理及应用实验指导书：基于 EDU-STM32 开发板 / 刘显荣，吴云君，张元涛编著.
—西安：西安电子科技大学出版社，2020.12
ISBN 978-7-5606-5708-0

Ⅰ. ①微… Ⅱ. ①刘… ②吴… ③张… Ⅲ. ①微型计算机—高等学校—教学参考资料 Ⅳ. ①TP36

中国版本图书馆 CIP 数据核字(2020)第 080995 号

策划编辑　戚文艳
责任编辑　郑一锋　南　景
出版发行　西安电子科技大学出版社(西安市太白南路 2 号)
电　　话　(029)88242885　88201467　　邮　　编　710071
网　　址　www.xduph.com　　电子邮箱　xdupfxb001@163.com
经　　销　新华书店
印刷单位　陕西天意印务有限责任公司
版　　次　2020 年 12 月第 1 版　2020 年 12 月第 1 次印刷
开　　本　787 毫米×1092 毫米　1/16　　印 张　11.5
字　　数　266 千字
印　　数　1～3000 册
定　　价　27.00 元
ISBN 978－7－5606－5708－0 / TP
XDUP 6010001-1
＊＊＊ 如有印装问题可调换 ＊＊＊

前　言

重庆科技学院自2015年开始以ST公司的STM32F1XX CPU代替8086开展微机原理课程的理论与实践教学以来，经过几年的探索和不断完善，取得了显著的成效。通过实验和实践教学环节，学生较好地掌握了嵌入式系统的开发技术，在各类学科竞赛中获得了优异的成绩，学生的就业能力也得到了有效的提升。

这些成果的取得激励我们更加认真地研究教学的各个环节。经过多轮教学实践以及调查反馈发现，学生对微机原理实验课总的要求是早开、多开和开好，为此我们将课程的理论与实验教学环节提前了一个学期，实验学时也从16学时扩充到32学时。但是要开好实验课有很大的难度，选择什么样的教学内容？如何安排才能在有限的时间内将一个个“小白”带入门？如何为他们建立起知识能力体系，建立信心，激发内在的学习动力，使他们有能力、有信心不断前行呢？

下面是编写本书过程中的一些思考与做法，不足之处请各位读者批评指正。

首先，砍去旁枝，保留主干。我们不希望学生在项目背景知识上花费太多精力，而应把宝贵的注意力更多地聚焦在课程本身的软、硬件上，只有这样才能快速进入学习状态。本书在基础实验项目中没有涉及运动和联网的部件，而采用EDU32开发板，便于收纳、携带和重复使用，适合开展大规模的基础教学，是学生的“口袋实验室”。其次，我们精心设计了基础实验项目，以模块化思想贯穿始终，前一个实验是后一个实验的模块，学生既能温故而知新，又能得到一个比较完善的实验结果。最后，按照模仿、修改、独立工作的学习过程设计了实验习题，学生如果能完成实验习题规定的任务，基本上就具备了独立或半独立工作的基础了。总之，我们努力为学习者的每一次进步准备好台阶，希望他们能拾级而上。当然，最终成为一名合格的嵌入式系统开发者还要靠自己不断地学习和研究。

全书分为4章：第1章介绍了EDU32开发板及其基本应用；第2章的9个基础实验，可以作为入门教学实验，其中“实验一汇编语言程序设计”可根据情况决定取舍；第3章介绍了基于STM32CubeMX的8个实验，可以让学生接触到HAL库和嵌入式操作系统，能扩展学生视野，建议作为选做实验；第4章的计算机温度闭环控制系统综合性实验可用于综合训练，本章在控制理论方法方面有较深入的探索，对学生学习计算机控制系统、自动控制理论等课程大有裨益。如果有条件，可以制作硬件或外接一些模块以扩展系统的功能。

建议将本书内容分成基础实验和综合训练两个环节实施，视学生具体情况，基础实验部分可安排16～32学时。

参加本书编写的教师多年一直从事“微机原理及应用”实践教学，同时也有一定的项目开发经验。本书由刘显荣组织编写，第1章由张元涛编写，第2章由吴云君编写，第3章由刘显荣编写，第4章由刘显荣、柏俊杰、常继彬、翟渊、桂陈共同编写，张元涛老师修正了本书的一些错误，并对全书按编写体例进行了整理。

意法半导体(ST)教育部产学合作协同育人项目为本书的编写提供了资助，本书配套实验板的设计与制作得到了深圳市泽式科技有限公司的大力协助，在此表示衷心的感谢。

本书的程序均通过实际调试，可以正常运行。由于篇幅限制，部分实验没有给出全部代码，相关代码随实验板一同提供。感兴趣的读者朋友可访问 https://fretech.taobao.com/购买。

为了和本书基于的 Keil MDK 软件的仿真结果保持一致，书中的部分变量、单位和器件符号未采用国标，请读者阅读时留意。

由于编者水平有限，书中不足之处在所难免，敬请读者朋友批评指正。

编者

2020 年 2 月

目　录

第 1 章　EDU32 开发板及其基本应用

1.1　意法半导体与 STM32 微处理器简介

意法半导体(ST)集团于 1987 年 6 月成立，是由意大利的 SGS 微电子公司和法国的 THOMSON 半导体公司(2002 年被丹纳赫公司收购)合并而成的。1998 年 5 月，SGS-THOMSON Microelectronics 将公司名称改为意法半导体(STMicroelectronics)有限公司。意法半导体有限公司作为全球十大半导体公司之一，是世界第一大专用模拟芯片和电源转换芯片制造商，也是世界第一大工业半导体和机顶盒芯片供应商，而且在分立器件、手机相机模块和车用集成电路领域居世界前列。

意法半导体有限公司的 STM32 系列产品均基于超低功耗的 ARM Cortex-M3 处理器内核，采用独有的两大节能技术：130 nm 专用低泄漏电流制造工艺和优化的节能架构，在业界具有领先的节能性能。

STM32 微处理器产品现有 STM32F10X、STM32F2XX、STM32F4 等多种系列。其中 STM32F103XX 是增强型系列，工作在 72 MHz，有片内 RAM 和丰富的外设，具有出众的控制和连接能力。

STM32 的 CPU 型号命名方式是有规律的，以 STM32F103RBT6 这个型号的芯片为例，该型号的组成为 7 个部分，其命名规则如下：

(1) STM32：代表 Cortex-M3 内核的 32 位微控制器。

(2) F：代表芯片子系列。

(3) 103：代表增强型系列。

(4) R：代表引脚数。T 代表 36 引脚，C 代表 48 引脚，R 代表 64 引脚，V 代表 100 引脚，Z 代表 144 引脚。

(5) B：代表内嵌 Flash 容量。6 代表 32 KB Flash，8 代表 64 KB Flash，B 代表 128 KB Flash，C 代表 256 KB Flash，D 代表 384 KB Flash，E 代表 512 KB Flash。

(6) T：代表封装。H 代表 BGA 封装，T 代表 LQFP 封装，U 代表 VFQFPN 封装。

(7) 6：代表工作温度范围。6 代表 -40℃～85℃，7 代表 -40℃～105℃。

1.2　EDU-STM32 开发板简介

EDU-STM32 开发板采用整体设计，坚固可靠，最简情况下仅需一根 USB 电缆与电脑相连，满足教学实验反复使用的要求，设备利用率高。

EDU-STM32 开发板资源丰富，扩展性强。该开发板满足实验、综合训练、创新竞赛、毕业设计等多方面需求。以 100 引脚的 STM32F103VCT6 作为控制核心，外设功能丰富，开发板的资源分配如图 1.1 所示。所有 I/O 口通过 2.54 mm 标准间距双排接口引出来，便于扩展其他功能模块。

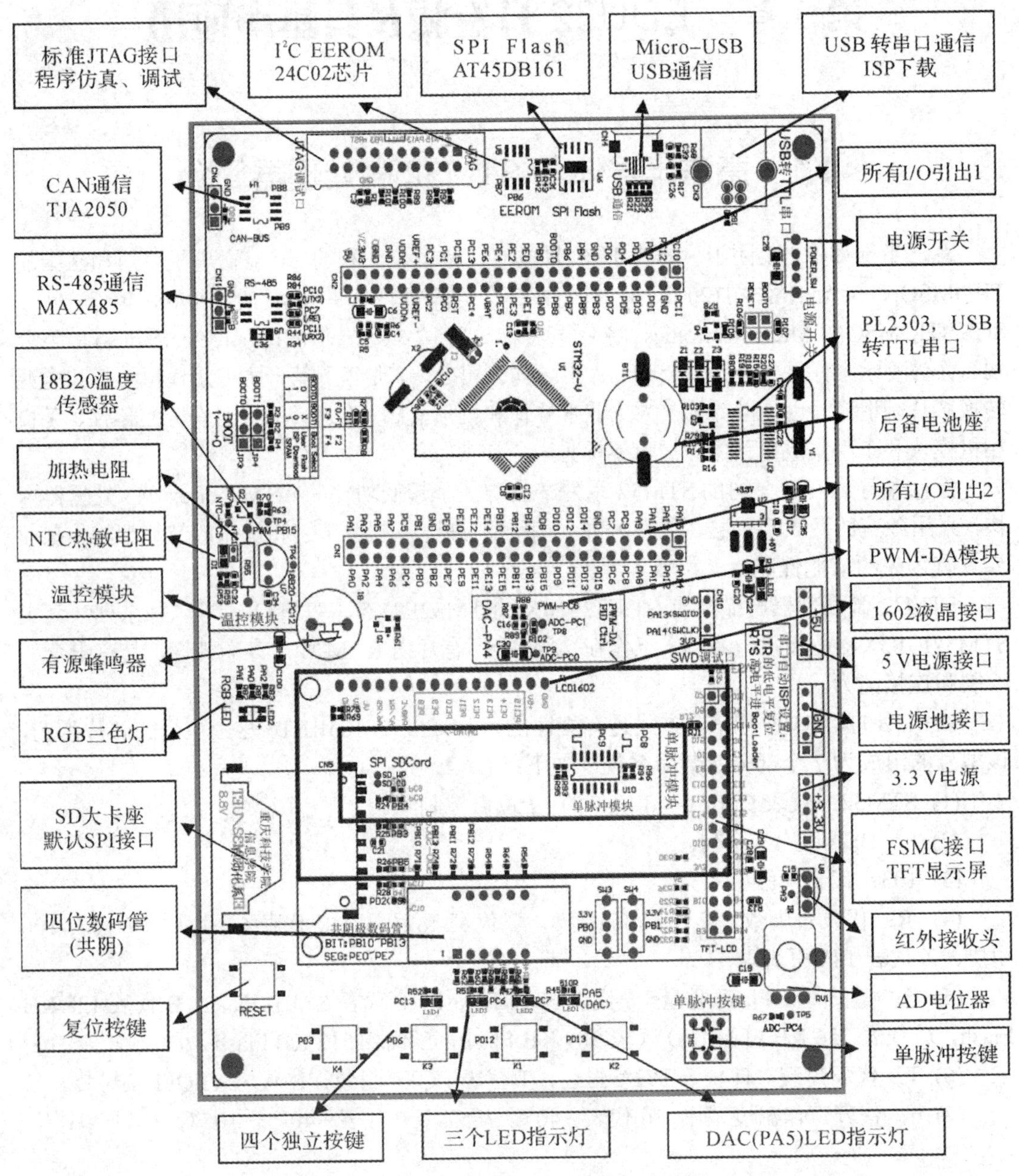

图 1.1　EDU-STM32 开发板资源分配图

EDU-STM32 开发板使用方便，易于上手，大小适中，便于携带；所有接口设计简单明了，标识清晰，用户基本不用看说明及图纸，即可马上动手开始实践。EDP-STM32 开发板配置了标准 20 针 JTAG 接口，可以连接 J-Link 或 ST-Link 仿真器，进行在线仿真、调试或下载 MCU 程序，也可以通过板载串口自动下载电路模块，或配合免费的 MCUISP 软件在线下载程序。

1.2.1　电源电路

STM32F103VCT6 单片机的工作电压为 3.3 V。开发板通过 USB 供电，USB 的供电电压为 5 V。因此，需通过 3.3 V 稳压电路为 MCU 提供电源。开发板电源电路如图 1.2 所示。

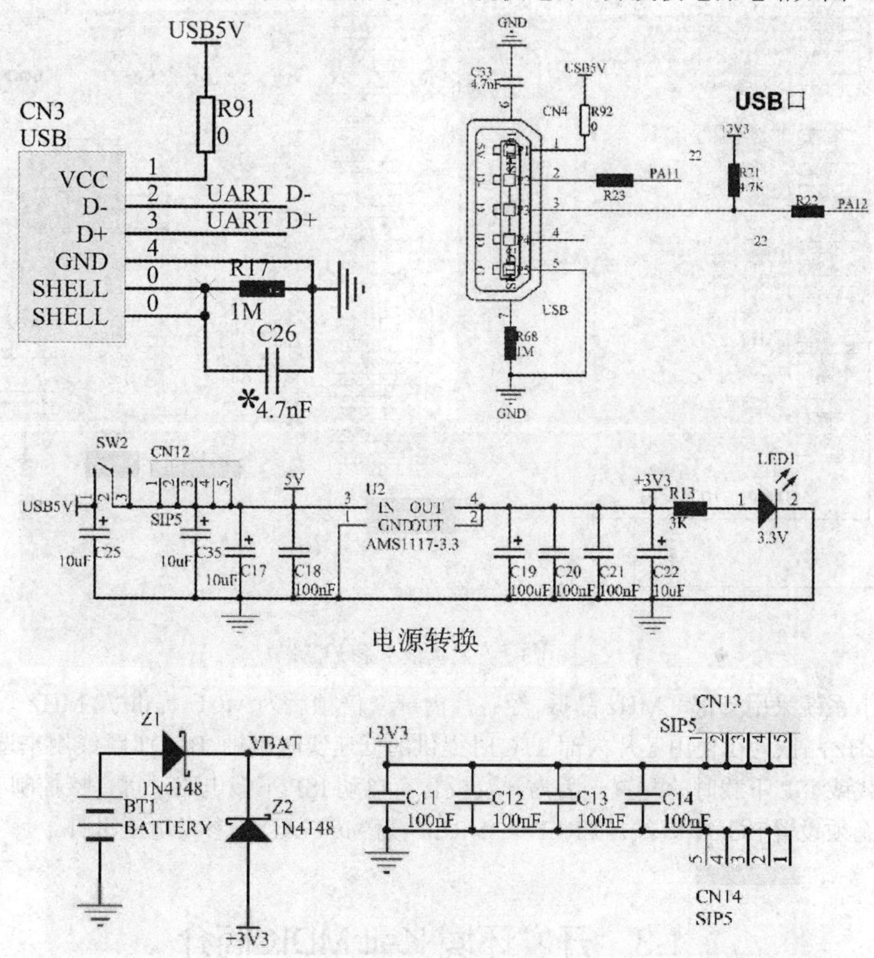

图 1.2　开发板电源电路

图 1.2 中，AMS1117-3.3 为 5 V 转 3.3 V 的稳压芯片；SW2 为电源开关，开关打开时，USB 为系统供电；LED1 为电源指示灯，供电正常时，指示灯亮；CN12 为 5 V 排针；CN13 为 3.3 V 排针；CN14 为 GND 排针；VBAT 为后备电池接口电路。

EDU-STM32 开发板上的 USB 接口有两种形式：Type-B 及方形 Micro-USB，两者均可为系统供电。方形 Type-B 通过开发板上的 PL2303 接到 MCU 的串口 USART1，完成 USB 与串口协议转换，可实现串口通信或程序的 ISP 下载功能。Micro-USB 的数据线接到 MCU 的 PA11、PA12 引脚，可实现与 PC 的 USB 通信、模拟 USB 设备等实验。

1.2.2　最小系统电路

开发板最小系统电路如图 1.3 所示。

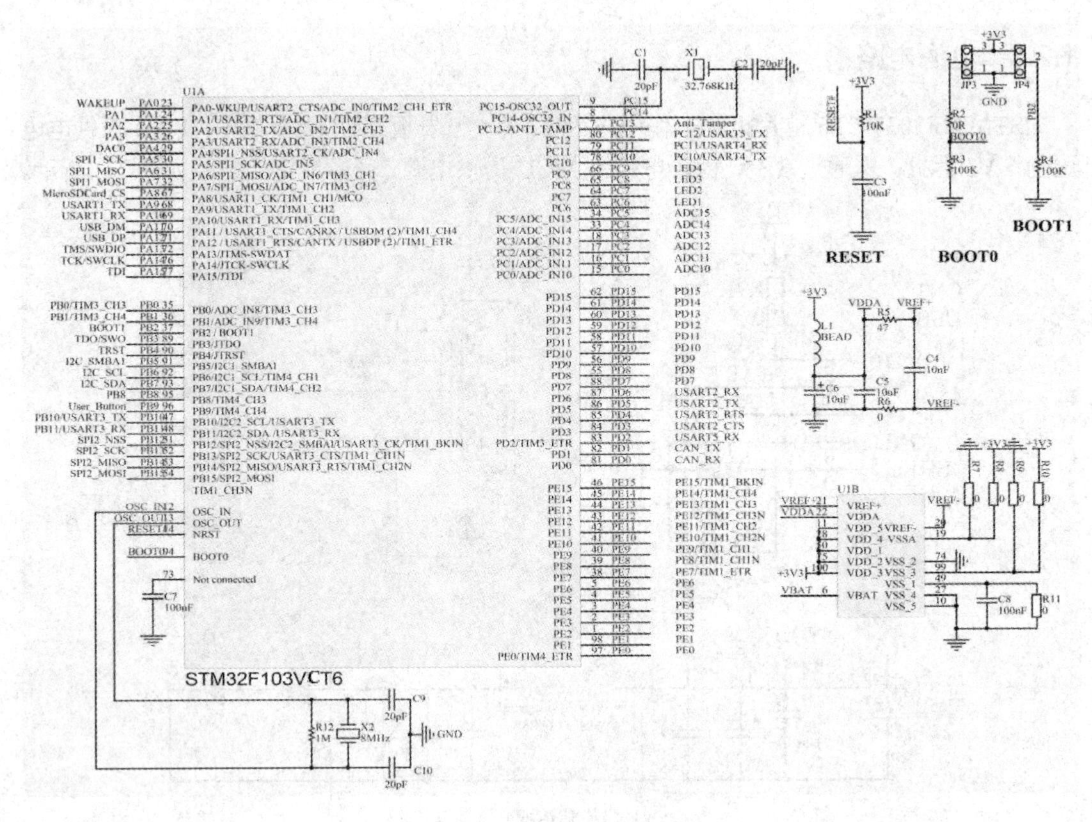

图 1.3　开发板最小系统电路

最小系统采用外部 8 MHz 晶振，经芯片内部 9 倍频后为 MCU 提供 72 MHz 系统时钟。32.768 kHz 晶振为在使用芯片内部 RTC 时提供的低速实时时钟。BOOT 跳线用来选择 Flash 区的下载或 ISP 下载时的配置。因为开发板含有自动 ISP 下载电路，可直接控制 BOOT0，所以，无须设置 BOOT 跳线。VREF+、VREF−为 MCU ADC 参考电压引脚。

1.3　开发环境 Keil MDK 简介

Keil MDK 是基于 ARM 的微控制器最全面的软件开发解决方案，包括创建、构建和调试嵌入式应用程序所需的所有组件，整个软件开发过程都需要在 MDK 环境下进行。因此不仅需要掌握 Keil MDK 的基本使用方法，还应该掌握一些常用技巧和出错时的处理方法。下面以 Keil MDK4 为例说明其使用过程。MDK5 除了安装时与 MDK4 有些不同以外，在使用过程中与 MDK4 基本一样。

1.3.1　建立 MDK 工程项目

1. 项目文件的分类管理

一个嵌入式应用项目包括许多用途各异的程序代码以及 MCU 的若干设置，这些都需要用项目的方式进行管理。为保证良好的兼容性，项目文件的存放路径不应使用中文。

由于 STM32 CPU 功能强大，在一个项目中存在许多文件，因此必须对这些文件进行分类管理，才能保证工作的正确与效率。这些文件具有如图 1.4 所示的层次结构。

· 内核层：对应 STM32 的 ARM 内核，完成内核的上电引导和初始化过程。

· 外设层：对应 STM32 的外设库函数，对应芯片各种功能模块实现，如 GPIO、定时器等。

· 用户层：最外层由用户自己编写的各个程序文件。

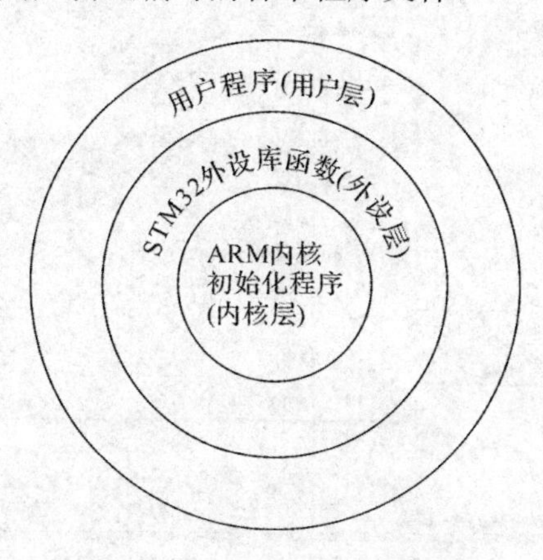

图 1.4　项目中文件的分类

由于内核的初始化代码和外设的库函数不需要用户进行修改和调整，因此为了简化，也可以将内核层和外设层合并，将它们对应的程序文件作为同一个类别进行存放和管理。

按以上分析，建议每个工程文件夹下包含 3 个子文件夹，如图 1.5 所示。

· Lib3.5：用于存放 STM32 芯片生产商提供的库文件，对应图 1.4 中的内核层和外设层。Lib3.5 文件夹中又包含 3 个子文件夹，分别是 Inc(存放库的头文件)、Src(存放库的.c 文件)、Startup(存放库的启动文件)。

· Src：用于存放用户自己编写的代码，对应图 1.4 中的用户层。

· Debug：用于存放 Keil 软件编译生成的目标文件，对应图 1.4 中所有文件编译后的输出。

当然，用户也可以按照自己的需求建立项目文件结构，但始终需要遵循分类管理的原则。

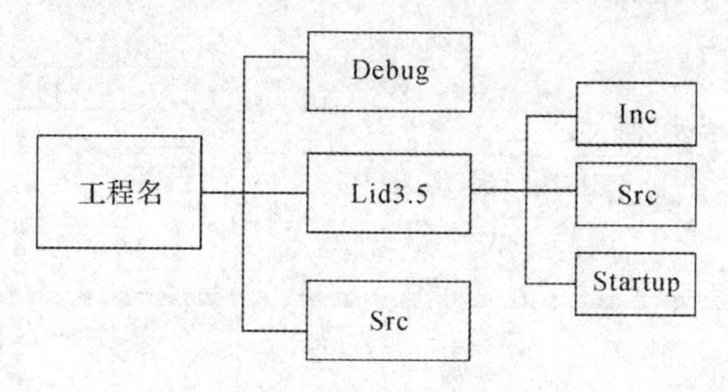

图 1.5　项目文件结构

2. 建立工程项目文件

(1) 点击菜单“Project→New μVision Project...”，如图 1.6 所示。

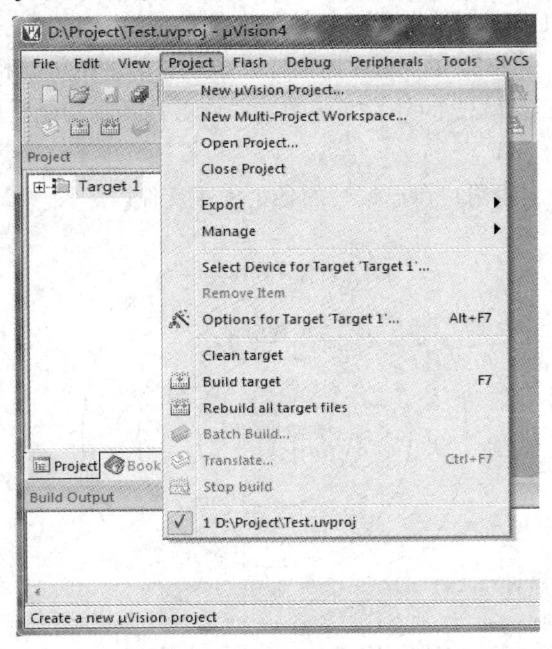

图 1.6　新建项目文件

(2) 在弹出的如图 1.7 所示的对话框中输入要创建的工程文件名(如 Test)，并点击“保存”按钮。

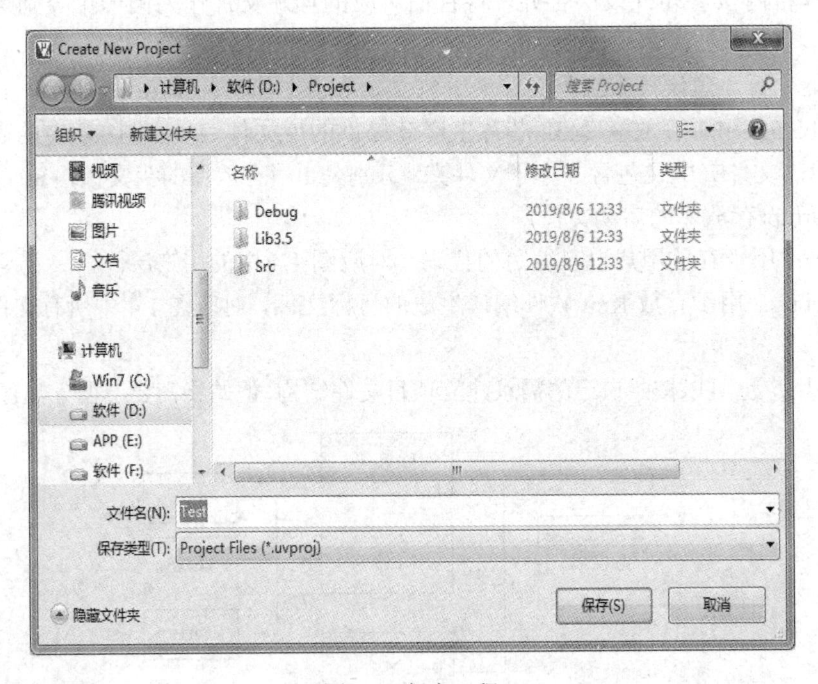

图 1.7　保存工程

(3) 在弹出的如图 1.8 所示的对话框中选中芯片“STM32F103VC”(本开发板所用芯片

型号)，并点击“OK”按钮。

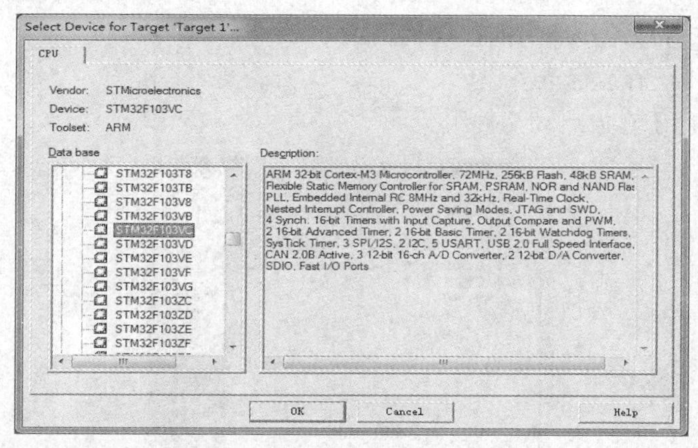

图 1.8　选择开发板所用芯片型号

(4) 在如图 1.9 所示的对话框中选择“否”按钮。因为本开发板例程均采用官方标准 Library3.5 库，所以启动代码应放在 Lib3.5 的 Startup 文件夹中。

图 1.9　启动代码设置

3. 工程项目的分组

与前面的文件夹分类管理类似，在项目中需要对文件进行分组。

(1) 为工程项目建立分组。如图 1.10 所示，右击 Project 区的“Target 1”，再选择“Add Group…”。

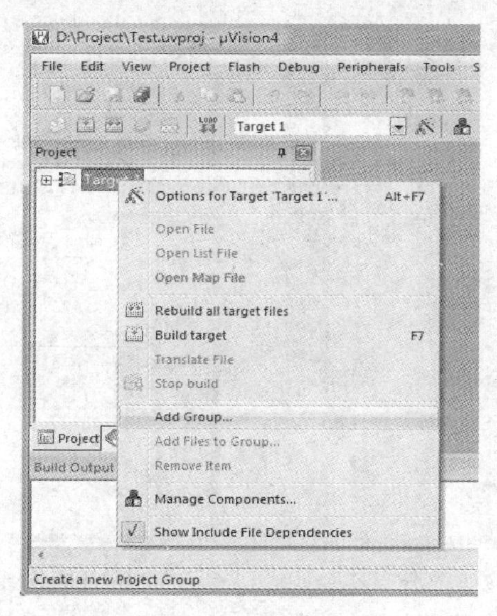

图 1.10　添加分组

如图 1.11 所示，项目分组与文件夹结构保持一致，重复以上操作，建立以下三个分组：

- Src：用于存放用户编写的程序代码。
- Lib3.5：用于存放标准外设库。
- Startup：用于存放启动文件组。

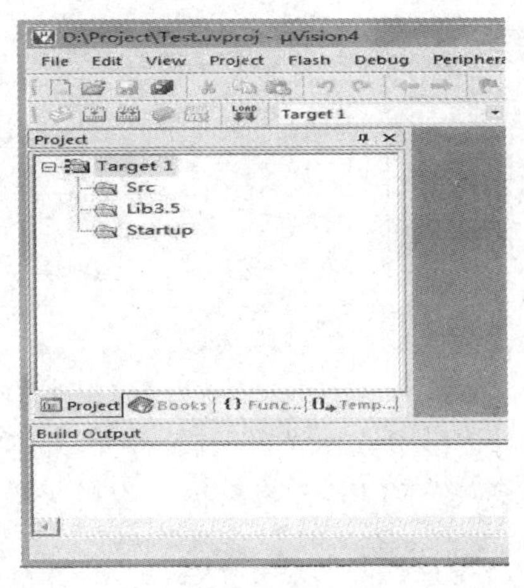

图 1.11　添加的三个分组

(2) 为分组添加文件。如图 1.12 所示，右击 Project 区的“Lib3.5”分组，再选择“Add Files to Group 'Lib3.5'...”。重复以上操作，将位于 Lib3.5 的 Src 库函数.c 文件及位于 Lib3.5 的 Startup 启动.s 文件添加到相应分组。需要特别说明的是，在添加文件时，其他无关文件一律不要添加，以免降低编译效率和引起一些不必要的错误。图 1.13 展示了完成 GPIO 实验所需添加的最小文件集合。

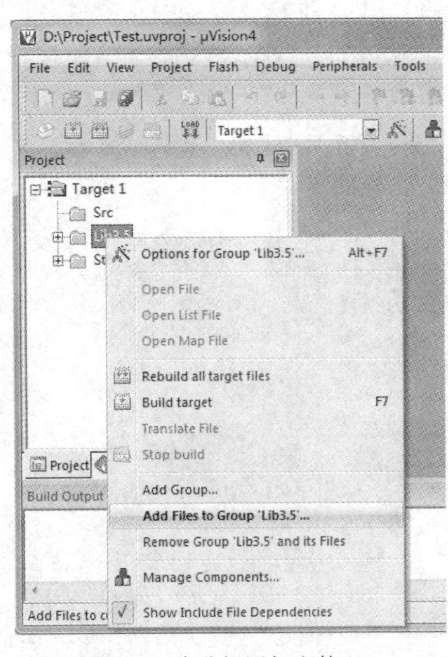

图 1.12　为分组添加文件

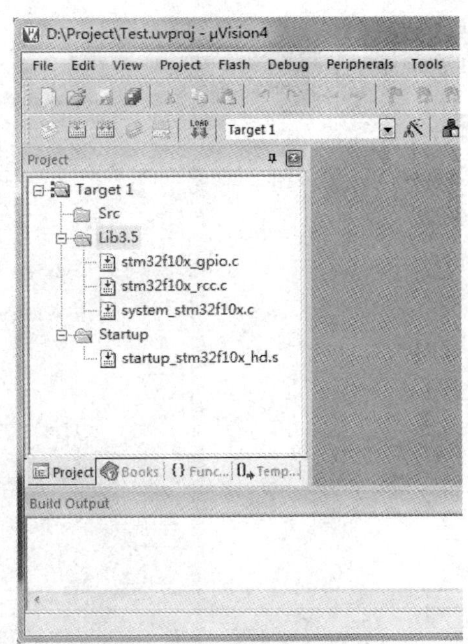

图 1.13　分组添加文件的结果

(3) 编写用户主程序并将其加入 Src 分组。

点击菜单“File→New...”，在新文件中编写代码，并按文件分类管理的思路，点击菜单“File→Save As...”，将文件命名为“Main.c”并保存在 Src 文件夹中，如图 1.14 所示。最后再将“Main.c”添加到 Src 分组。

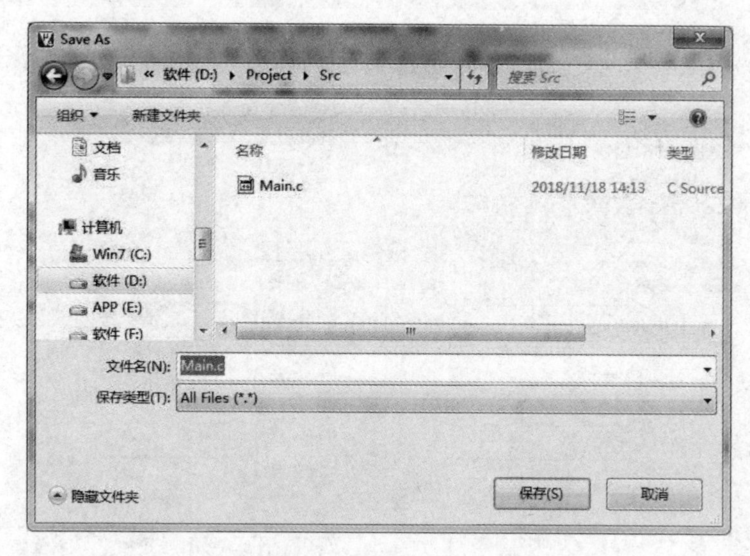

图 1.14　保存用户主程序

如果已经有了一个主程序文件，如 Main.c，可以参照图 1.12 的方式将其添加到 Src 分组。

4. 工程项目的配置

如图 1.15 所示，右击“Target 1”，选择“Options for Target 'Target 1'...”，进行如下工程设置。

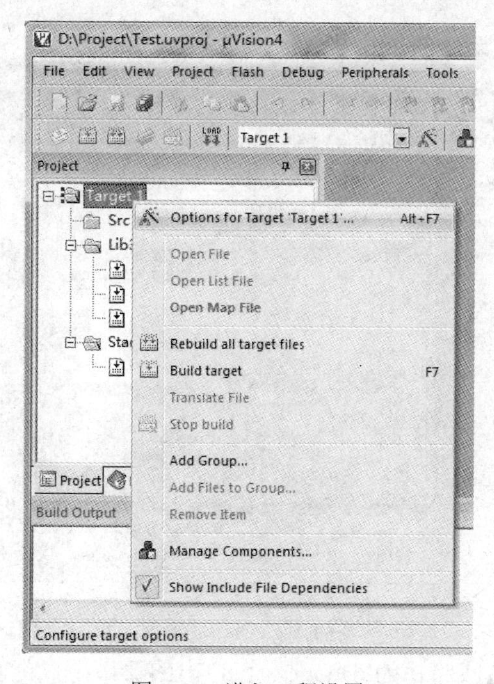

图 1.15　进入工程设置

(1) 设置 ROM 和 RAM 地址。在弹出的窗口中点击“Target”标签，设置相关参数，如图 1.16 所示。

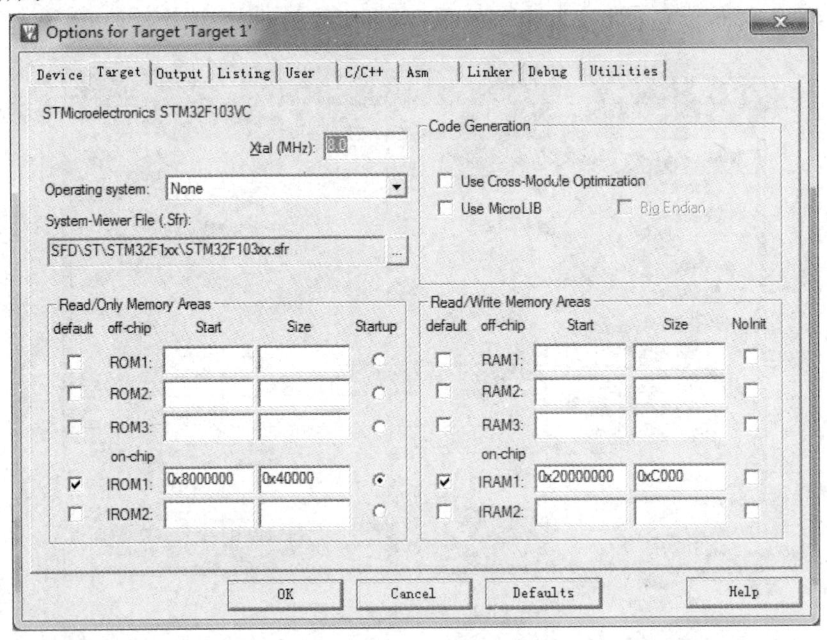

图 1.16　ROM 和 RAM 设置

(2) 设置目标文件生成路径为 Debug。在弹出的窗口中点击“Output”标签，设置相关参数，如图 1.17 所示。

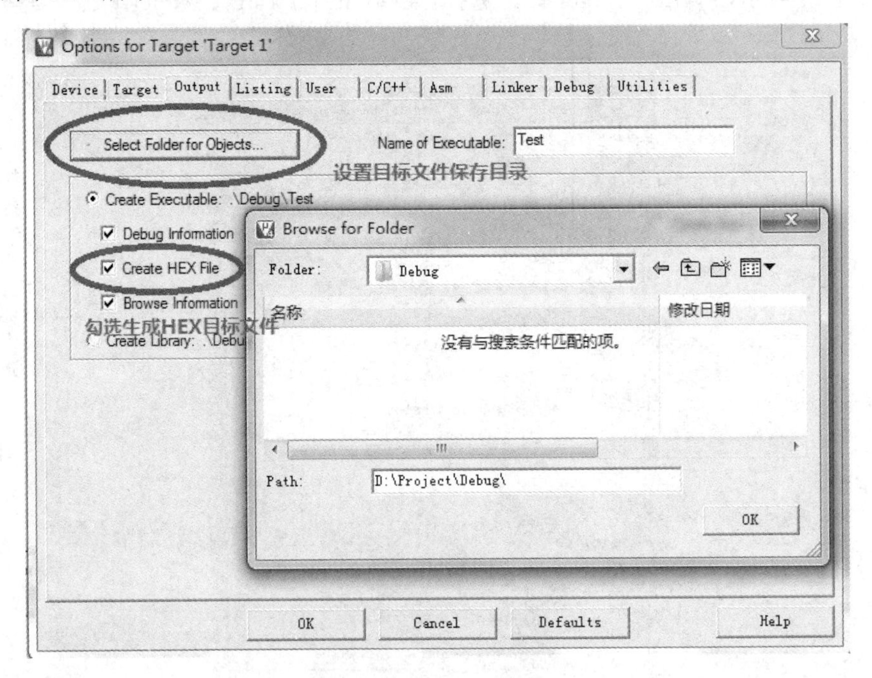

图 1.17　Output 设置

(3) 设置列表文件生成路径为 Debug。在弹出的窗口中点击“Listing”标签，设置链接文件的生成路径及其他相关参数，如图 1.18 所示。

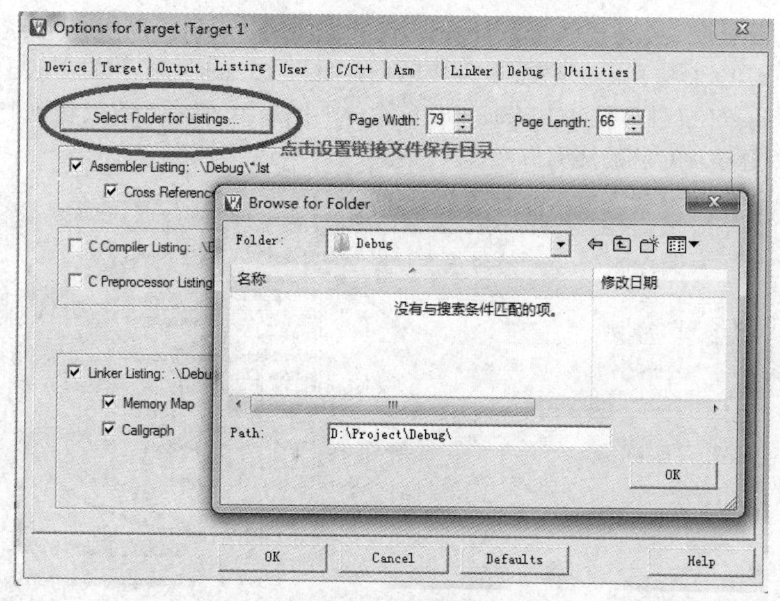

图 1.18　Listing 设置

(4) 设置两个全局宏和头文件搜索路径。点击“C/C++ ”标签，在 Preprocessor Symbols 栏的 Define 右侧的框中输入宏定义 “STM32F10X_HD.USE_STDPERIPH_DRIVER”。STM32 的库函数通过预编译指令支持多种类型的 CPU 和多种形式的库函数，这里的 STM32F10X_HD 宏定义表示使用的是高密度芯片 STM32F103VC，USE_STDPERIPH_DRIVER 宏定义表示使用标准外设库进行开发。

如图 1.19 所示，在 Include Paths 框中输入本应用工程中所涉及的头文件(.h 文件)的目录，点击右侧的按钮，可将每一项路径都添加进来。

图 1.19　C/C++ 编译环境设置

(5) 仿真器配置。点击“Debug”标签，选择需要的仿真器，以便进行 CPU 的仿真和下载。如采用 J-Link 仿真器，则选择“J-LINK/J-Trace Cortex”项，如图 1.20 所示。点击右侧的“Settings”按钮，配置 J-Link 下载参数，如图 1.21 所示。下载参数主要包括目标处理器以及目标芯片对应的烧写算法等。

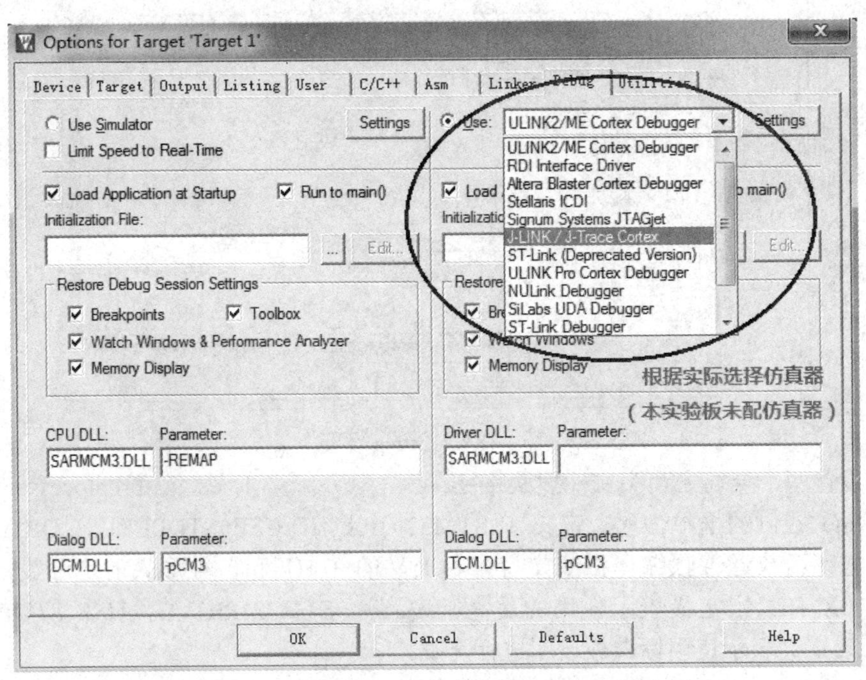

图 1.20　Debug 设置

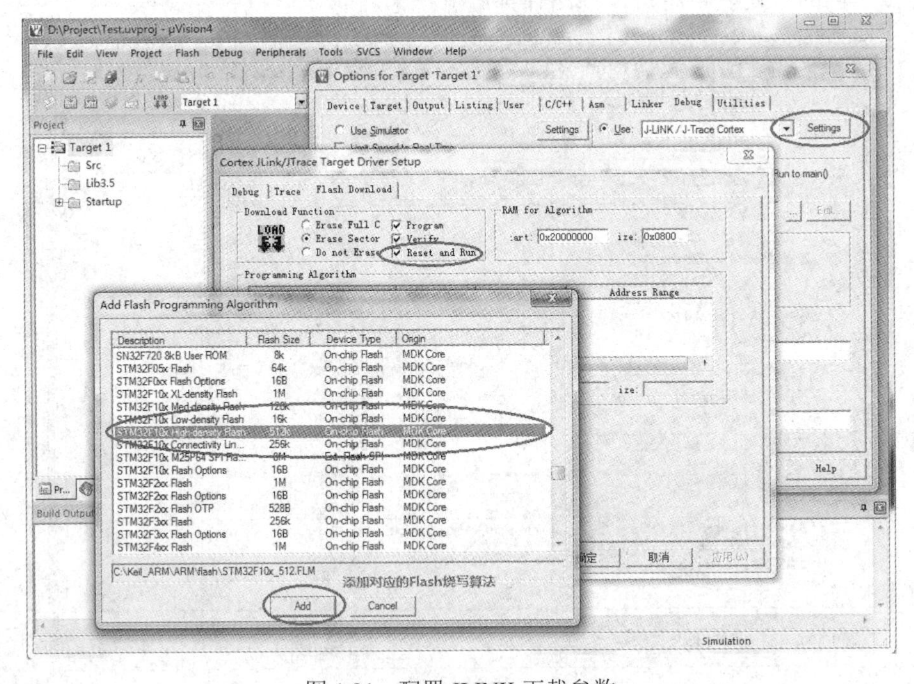

图 1.21　配置 JLINK 下载参数

如果 J-Link 驱动程序已安装好，则将 J-Link 一端接电脑 USB 口，一端接开发板 JTAG 口，并给开发板供电。如图 1.22 所示，在 Port 的下拉列表中选择“JTAG”模式。

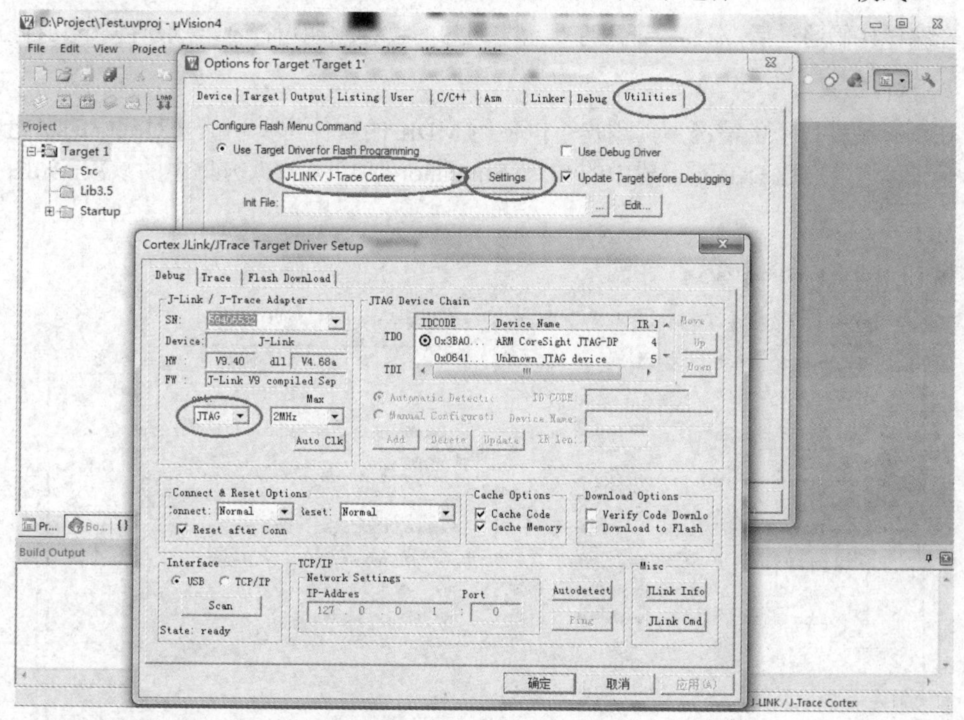

图 1.22　选择“JTAG”模式

5. 工程项目的编译、调试与下载

在图 1.22 中，点击“确定”按钮退出工程设置对话框。接着对工程文件进行相关编程，完毕后，进行编译链接，生成最终目标文件。这里随便打开一个例程，比如实验三中的外部中断实验。依据实际需求，点击图 1.22 左侧的三个按钮，编译链接程序。这三个按钮从左至右依次是：

- Compile：只编译当前文件。
- Build：只编译修改过的文件并链接。
- Build All：重新编译链接整个工程文件。

由于工程越来越复杂，因此编译整个工程文件耗费的时间也越来越长。在开发调试过程中，选择“Compile”或“Build”按钮进行编译，可以节约开发调试时间。

在编译过程中，若提示没有错误(如图 1.23 所示)，则说明这个工程文件编译链接顺利，系统会自动将其生成目标文件。

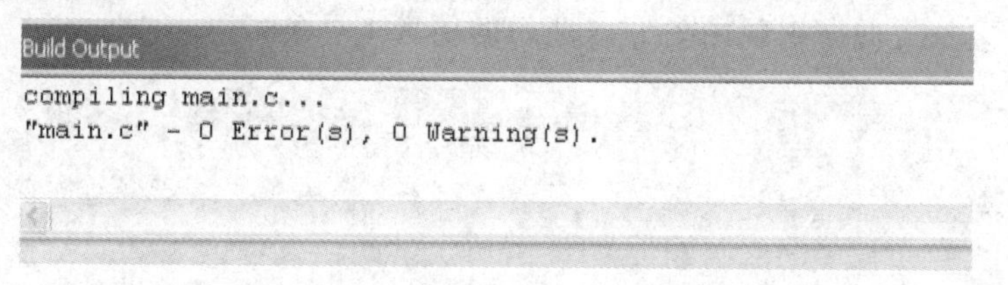

图 1.23　工程编译信息

1.3.2　MDK 下的仿真和程序下载

在编译代码通过后，需要验证程序是否与用户的设计预期相符合，一般有以下几种方式。

1. 软件仿真

在没有硬件环境的情况下，用户可以使用 MDK 的软件仿真功能来对代码的功能进行初步验证。这里勾选 Debug 设置中的“Use Simulator”项，并修改方框中的参数，如图 1.24 所示。

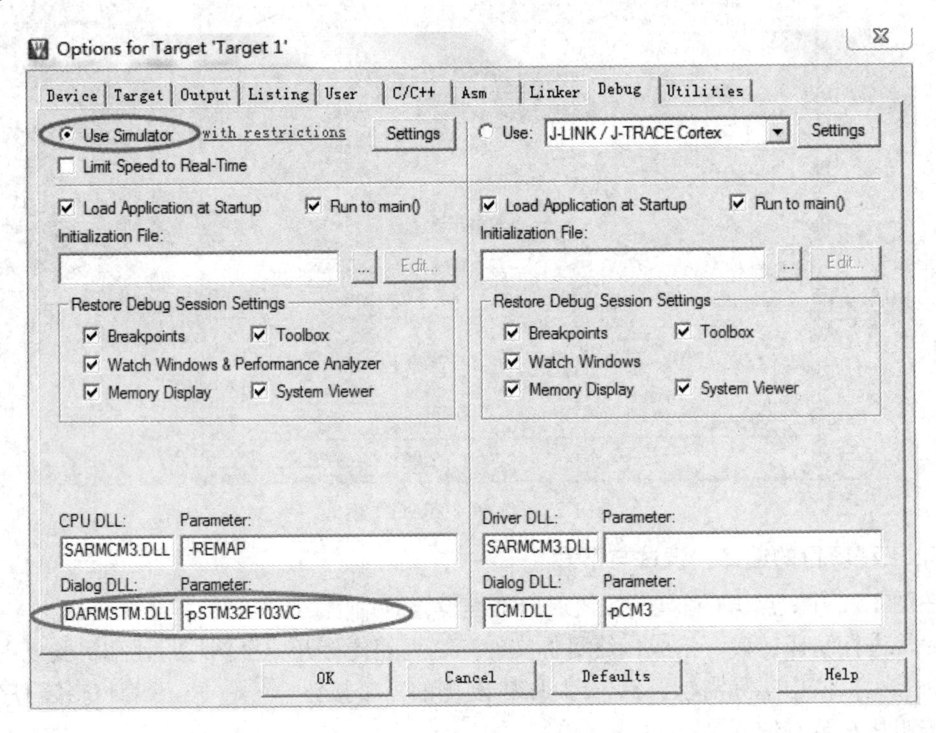

图 1.24　软件仿真配置

2. 在线仿真

如果硬件环境允许，建议使用在线仿真进行调试，仿真结果完全与实际应用相符合。一般采用 J-Link 仿真器进行仿真调试。J-Link 是一款主流的支持 ARM 内核芯片的 JTAG 仿真器，配合 IAR、Keil、WAINARM、RealView 等集成开发环境，支持所有的 ARM7/ARM9/Cortex-M3 内核芯片的仿真。

不管是软件仿真还是在线仿真，都可以通过点击“Debug→Start/Stop Debug Session”来启动仿真，之后页面会出现如图 1.25 所示的仿真工具条。

图 1.25　仿真工具条

(1) 复位(Reset)。其功能等同于开发板上的复位按钮，点击后程序复位，代码重新执行。

(2) 执行到断点处(Run)。用户可以在程序中感兴趣的地方设置断点，之后按下该按钮，程序执行到刚才设置的断点处会暂停，便于用户快速查看程序执行到该点时的情况。这种调试方法常用于重点程序调试。

(3) 挂起(Stop)。此按钮在程序运行时有效。按下该按钮，可以使正在运行的程序暂时停止运行，为进行单步调试提供方便。

(4) 执行一条指令(Step)。该按钮可实现单步调试功能。每按下该按钮一次，就执行一条指令，用户可以查看当前指令执行的结果。如果当前行是一条函数调用语句，则按下该按钮后会跳转到该函数里面去单步执行。

(5) 执行当前行(Step Over)。该按钮也能实现单步调试功能，但与 Step 按钮不同的是，在碰到函数调用语句时，该按钮将整个函数视为一条指令执行过去，而不会跳转到这个函数里面去单步执行。

(6) 跳出当前函数(Step Out)。如果当前是在函数里面单步执行，则按下该按钮后会连续执行完该函数剩余的指令，返回到调用该函数的位置。

(7) 执行到光标处(Run to Cursor Line)。按下该按钮，可以将程序迅速执行到光标处暂停。与执行到断点处的功能不同，断点可以有多个，但是光标所在处只有一个。

(8) 汇编窗口。按下该按钮，可以查看汇编代码，这对分析程序很有用。

(9) 观看变量窗口。按下该按钮后会弹出一个显示变量的窗口，用户可以在变量窗口中添加、删除需要观察的变量。这是一个很常用的调试手段，在程序调试期间，用户通过查看这些变量值的变化，了解程序的实际运行情况是否与预期一致，为调试程序提供依据。

(10) 串口打印窗口。按下该按钮后会弹出一个串口调试助手窗口，用来显示从串口打印出来的内容。

在代码调试通过后，需要将编写好的程序烧录到开发板中。将开发板与 JLINK 连接好以后，点击图 1.22 左上侧工具条中的“下载”按钮，将程序烧录到开发板中。烧录成功后，将输出如图 1.26 所示的信息。

```
Build Output
* JLink Info: TotalIRLen = 9, IRPrint = 0x0011
* JLink Info: Found Cortex-M3 r1p1, Little endian.
* JLink Info: TPIU fitted.
* JLink Info: ETM fitted.
* JLink Info:   FPUnit: 6 code (BP) slots and 2 literal slots
Hardware-Breakpoints: 6
Software-Breakpoints: 2048
Watchpoints:          4
JTAG speed: 2000 kHz

Erase Done.
Programming Done.
Verify OK.
```

图 1.26　程序烧录成功信息

1.3.3 MDK 使用技巧

1. 快速定位函数/变量定义

将光标放到需要定位的函数/变量上面，然后点击右键菜单“Go To Definition Of 'XXXX'”，就可以查看到对应符号的位置以及定位效果，如图 1.27 和图 1.28 所示。

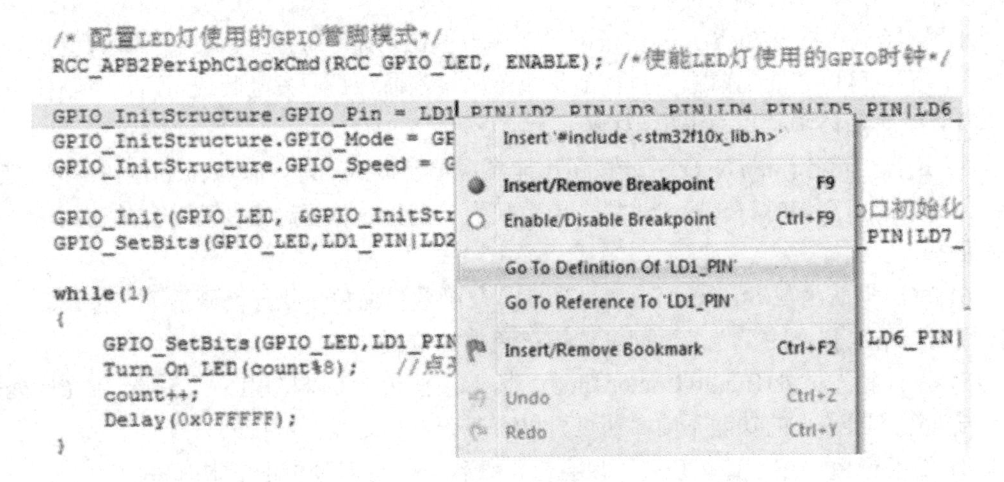

图 1.27　利用右键菜单快速定位

```
/*LED灯相关定义*/
#define RCC_GPIO_LED        RCC_APB2Periph_GPIOF     /*LED使用的GPIO时钟*/
#define LEDn                8                        /*LED数量*/
#define GPIO_LED            GPIOF                    /*LED灯使用的GPIO组*/

#define LD1_PIN             GPIO_Pin_3               /*LD1使用的GPIO管脚*/
#define LD2_PIN             GPIO_Pin_4               /*LD2使用的GPIO管脚*/
#define LD3_PIN             GPIO_Pin_5               /*LD3使用的GPIO管脚*/
#define LD4_PIN             GPIO_Pin_6               /*LD4使用的GPIO管脚*/
#define LD5_PIN             GPIO_Pin_7               /*LD5使用的GPIO管脚*/
#define LD6_PIN             GPIO_Pin_8               /*LD6使用的GPIO管脚*/
#define LD7_PIN             GPIO_Pin_9               /*LD7使用的GPIO管脚*/
#define LD8_PIN             GPIO_Pin_10              /*LD8使用的GPIO管脚*/
```

图 1.28　快速定位的效果

快速定位功能可以大大缩短查找代码的时间，有利于分析代码的构成和查找错误，是开发人员必须掌握的基本技巧之一。当前各大编译环境都支持快速定位功能。需要注意的是，在 MDK 中使用快速定位功能时，要事先对代码进行编译，只有在编译文件的支持下，方可实现代码的快速定位。

2. 代码的自动补全

如果用户编写的代码所用的符号名称太长或者为了提高代码输入的效率，可以点击菜单栏“Edit→Configuration…”，在出现的“Configuration”对话框中选择“Text Completion”标签，并勾选“Symbol after X Characters”选项，表示编译器将在用户输入 X 个字符后给出补全提示。代码自动补全的设置及效果如图 1.29 所示。

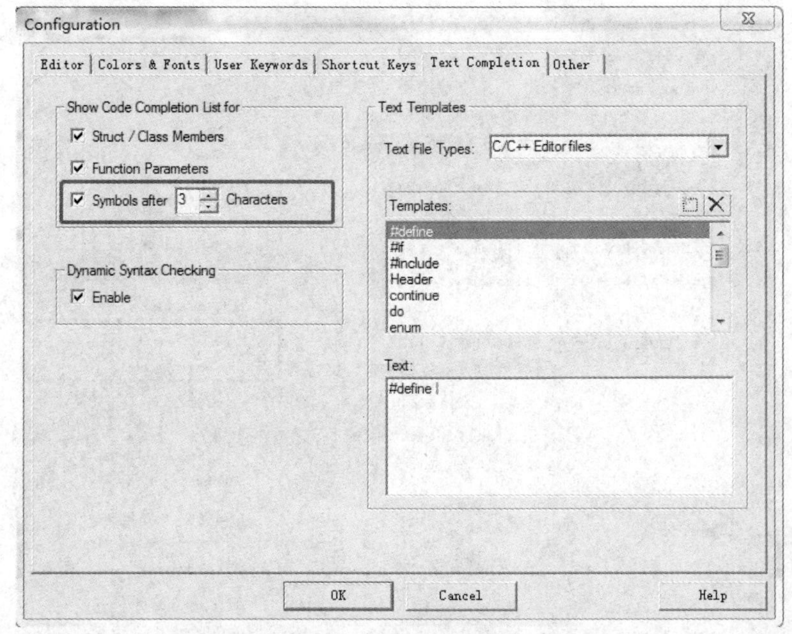

(a) 代码自动补全的设置

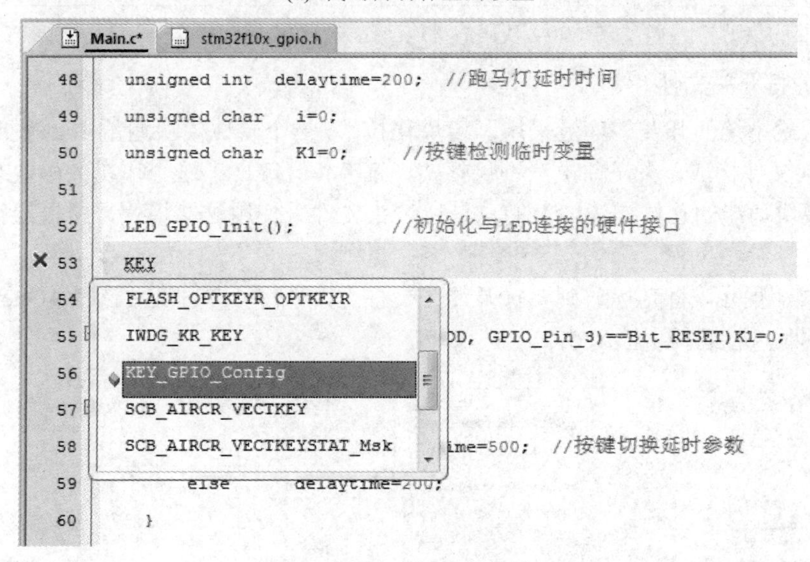

(b) 代码自动补全的效果

图 1.29　代码自动补全

3. 代码的快速注释与快速撤销注释

在嵌入式系统开发过程中，注释不仅可以用来解释代码，还可以在程序调试时屏蔽暂时不用的代码，当以后还需要这些代码时，把之前加上的注释撤销即可。因此快速注释与快速撤销注释可以有效提高开发效率。

如图 1.30 所示，首先选中要注释/撤销注释的代码区，然后右键单击该区域，选择“Advanced→Comment Selection”可以为该区域添加注释，选择“Uncomment Selection”可以撤销该区域注释。

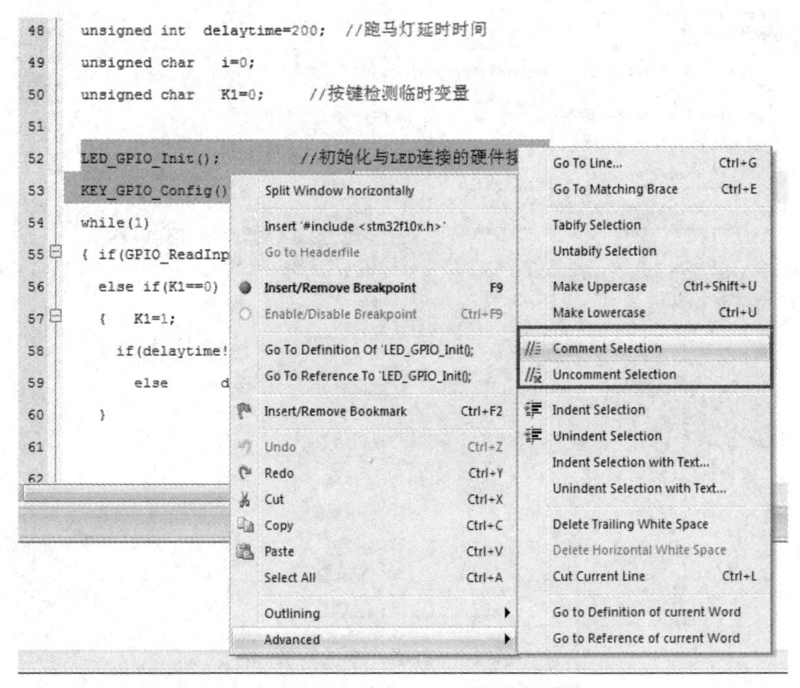

图 1.30　代码的快速注释与快速撤销注释

4. 快速打开头文件

在嵌入式系统的开发中广泛采用了模块化技术，一个软件模块通常由一个 .h 头文件和一个 .c 实现文件构成。头文件虽然不包括实现细节，但定义了这个模块的函数与符号的声明，是对模块功能的总体描述。人们总是通过头文件来使用这些模块，所以经常需要打开头文件进行查看。

如图 1.31 所示，将光标放到要打开的头文件上，然后单击右键并选择“Open document "XXX"”，即可快速打开这个文件。

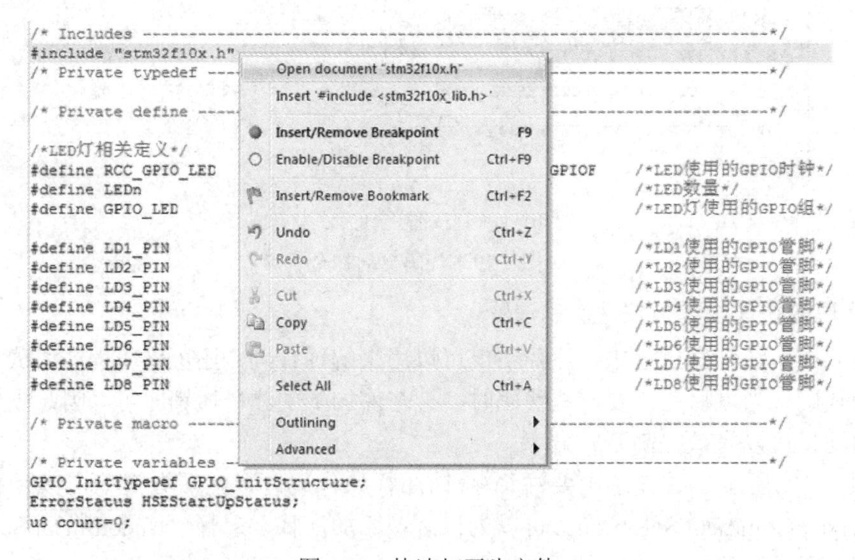

图 1.31　快速打开头文件

其他关于 MDK 软件的使用，如字体大小及颜色设置、查找搜索、快速前进与后退等都较为简单，读者可自行摸索。如需更深入和全面的了解，可以查看 Keil 软件用户使用手册。

1.3.4 常见错误及其处理

1. 结构体变量未定义错误

如图 1.32 所示，第 7 行存在“GPIO_InitTypeDefGPIO_InitStructure”未定义错误，第 10 行存在“GPIO_InitStructure”未定义错误，编译器又在多处给出了红叉提示。许多人反复检查代码后没有发现有问题的地方，不免有些慌乱。实际上这是人们不熟悉 C 语言的结构体语法造成的。

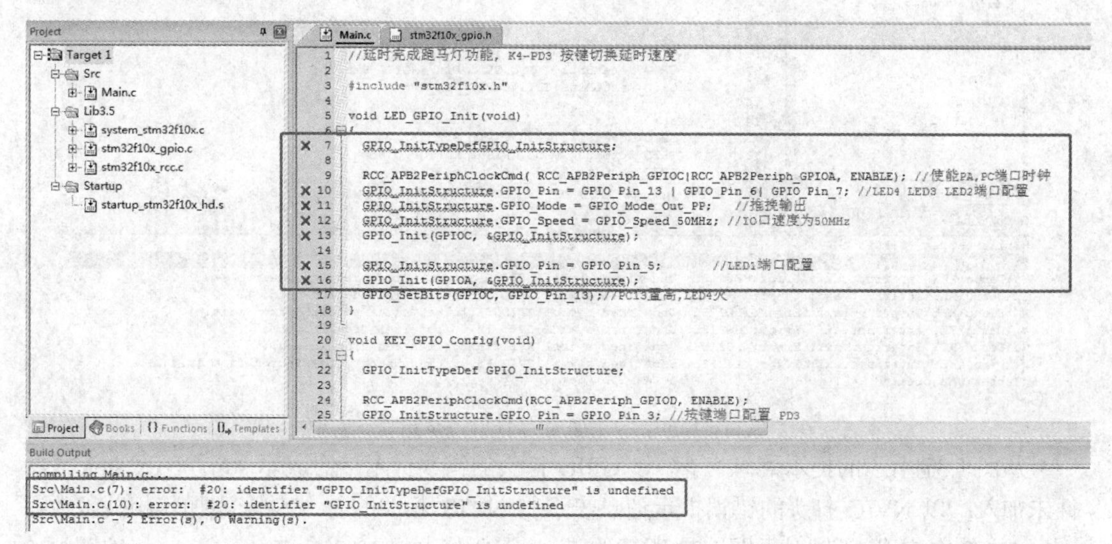

图 1.32　结构体变量未定义错误

结构体是由多个简单变量组合在一起的一种复合变量，从图 1.32 中的第 10 行到第 16 行来看，每个变量都有一个相同的前缀“GPIO_InitStructure”，说明这些变量同属一个结构体，通俗地讲，它们同属一个家族。使用结构体可以将多个简单变量的内在联系以相同的前缀形式表现出来，使其意义显现，该方法在 STM32 的库函数中得到了广泛的应用。

与普通变量的语法类似，结构体变量在使用前仍需要定义，它与整型变量定义对比如下：

- 整型变量定义：

```
int   i;
```

- 结构体变量定义：

```
GPIO_InitTypeDef   GPIO_InitStructure;
```

所以，GPIO_InitTypeDef 关键字与 int 对应，都是类型名称，只不过 GPIO_InitTypeDef 是 STM32 库函数中自定义的结构体类型，大家不太熟悉。在用空格隔开后，i 和 GPIO_InitStructure 都是基于前面类型定义的变量。

基于以上分析，将第 7 行“GPIO_InitTypeDefGPIO_InitStructure;”语句中漏掉的空格补上即可解决该问题。

2. 未添加 .c 文件的链接错误

如图 1.33 所示，这类错误发生在 linking(链接)阶段，比较容易识别。由于没有在左侧的 Project 窗格中添加相应的 .c 文件，因而不能得到编译输出的目标文件，在链接阶段，referred(提及)相应函数符号时会出错。

```
13    GPIO_SetBits(GPIOA,GPIO_Pin_5);
14    while(1)   ;
15  }
16
17  //EXTI6中断函数
18  void EXTI9_5_IRQHandler(void)
19  {
20    static unsigned char x=0;    //局部静态变量，按键触发时指示灯状态切换
21
22    if(EXTI_GetITStatus(EXTI_Line6) != RESET)
23    {
24      x = 1-x;
25      if(x == 0)
26      { GPIO_SetBits(GPIOC,GPIO_Pin_13);
27        GPIO_ResetBits(GPIOC,GPIO_Pin_6|GPIO_Pin_7);
28        GPIO_ResetBits(GPIOA,GPIO_Pin_5);
29      }
30      else
31      { GPIO_ResetBits(GPIOC,GPIO_Pin_13);
32        GPIO_SetBits(GPIOC,GPIO_Pin_6|GPIO_Pin_7);
33        GPIO_SetBits(GPIOA,GPIO_Pin_5);
```

```
Build target 'Target 1'
linking...
.\Debug\KEY_Interrupt.axf: Error: L6218E: Undefined symbol GPIO_ResetBits (referred from main.o).
.\Debug\KEY_Interrupt.axf: Error: L6218E: Undefined symbol GPIO_SetBits (referred from main.o).
.\Debug\KEY_Interrupt.axf: Error: L6218E: Undefined symbol GPIO_EXTILineConfig (referred from init.o).
.\Debug\KEY_Interrupt.axf: Error: L6218E: Undefined symbol GPIO_Init (referred from init.o).
.\Debug\KEY_Interrupt.axf: Error: L6218E: Undefined symbol NVIC_Init (referred from init.o).
.\Debug\KEY_Interrupt.axf: Error: L6218E: Undefined symbol NVIC_PriorityGroupConfig (referred from init.o).
Target not created
```

图 1.33　未添加 .c 文件的链接错误

从图 1.33 所示的提示信息来看，以 GPIO 打头的错误提示信息表示 stm32f10x_gpio.c 文件未加入；以 NVIC 打头的错误提示信息表示与 NVIC 相关的 .c 文件未添加，相关函数在 misc.c 文件中实现。所以对于图 1.33 所示的错误，需要将 stm32f10x_gpio.c 与 misc.c 按图 1.12 所示的方式添加到 Project 窗格，再重新编译链接即可解决这个问题。

3. 添加 .c 文件的路径错误

如果用户在向 Project 窗格添加 .c 文件时，指向了存在中文路径名的其他文件夹，会出现如图 1.34 所示的错误提示。图 1.34 中出现了不能识别的乱码，这是由于 Keil 编译器不能正确解析中文字符引起的。用户需要在 Project 窗格中将“stm32f10x_gpio.c”删掉，再到当前项目文件夹下添加“stm32f10x_gpio.c”文件即可解决这个问题。

```
compiling stm32f10x_rcc.c...
Lib3.5\src\stm32f10x_rcc.c(23): error:  #5: cannot open source input file "stm32f10x_rcc.h": No such file or directory
compiling stm32f10x_exti.c...
Lib3.5\src\stm32f10x_exti.c(23): error:  #5: cannot open source input file "stm32f10x_exti.h": No such file or directory
compiling misc.c...
Lib3.5\src\misc.c(24): error:  #5: cannot open source input file "misc.h": No such file or directory
compiling stm32f10x_gpio.c...
stm32f10x_gpio.c: Error:  #5: cannot open source input file "..\[illegible]\Lib3.5\src\stm32f10x_gpio.c": No such file or directory
Target not created
```

图 1.34　添加 .c 文件的路径错误

这里需要进一步说明的是，一个项目下的各类文件应该在同一个文件夹下分类存放，也就是说，一个项目不应该添加或引用其他项目的文件。这样做的好处在于，将项目文件整体拷贝或移动时，不用顾虑被其他文件夹影响。

项目文件夹可以使用中文，但子文件夹必须使用英文。这是因为在项目文件夹下使用

的是相对路径，以字符“ . ”表示当前路径，以字符“ .. ”表示上层路径，因此在路径中不会出现中文，可以避免如图 1.34 所示的错误。

4. 包含头文件出错

如前所述，在嵌入式系统的开发中广泛采用了模块化技术，使用一个软件模块需要完成以下四个步骤：

(1) 拷贝文件，将该模块的 .c 文件和 .h 文件拷贝至该项目文件夹中合适的位置，如有必要也可在该项目文件夹中新建子文件夹存放，注意子文件夹要使用英文命名。

(2) 添加 .c 文件，用如图 1.12 所示的方式将该模块的 .c 文件添加到 Project 窗格。实际上不论添加到 Project 窗格的什么位置都可以，Project 窗格中的多个分组只是为了有序管理各个 .c 文件，在功能上并没有什么区别。

(3) 指示搜索路径，如图 1.19 所示，在 C/C++ 编译器中设置该模块的 .h 文件所在的路径，以便编译器能找到该头文件。

(4) 源程序中包含头文件，如图 1.35 所示，在源程序的最开头的位置，使用 include 指令包含该头文件后，就可以在源程序中使用该模块提供的各种数据类型和函数了。

```
1   #include "stm32f10x_gpio.h"
2   #include "stm32f10x_exti.h"
3   #include "stm32f10x_rcc.h"
4   #include "misc.h"
5   #include "Init.h"
6
7   //4个LED IO端口初始化
8   void LED_GPIO_Init(void)
9   {
10    GPIO_InitTypeDef GPIO_InitStructure;
11
12    RCC_APB2PeriphClockCmd( RCC_APB2Periph_GPIOC|RCC_APB2Periph_GPIOA, ENABLE); //使能PA,PC端口时钟
13      GPIO_InitStructure.GPIO_Pin = GPIO_Pin_13 | GPIO_Pin_6| GPIO_Pin_7;     //LED4 LED3 LED2端口配置
14      GPIO_InitStructure.GPIO_Mode = GPIO_Mode_Out_PP;     //推挽输出
15      GPIO_InitStructure.GPIO_Speed = GPIO_Speed_50MHz;    //IO口速度为50MHz
16      GPIO_Init(GPIOC, &GPIO_InitStructure);
17    GPIO_InitStructure.GPIO_Pin = GPIO_Pin_5;     //LED1端口配置
18    GPIO_Init(GPIOA, &GPIO_InitStructure);
19  }
```

图 1.35　源程序中包含头文件

如果在 C/C++ 编译器中设置的头文件位置不正确，或者是未将文件拷贝到指定的位置，编译时会出现头文件无法打开的出错提示，如图 1.36 所示。用户需要检查文件拷贝和搜索路径设置是否正确。

```
Build target 'Target 1'
compiling Main.c...
Src\Main.c(1): error:  #5: cannot open source input file "stm32f10x_rcc.h": No such file or directory
compiling Init.c...
Src\Init.c(1): error:  #5: cannot open source input file "stm32f10x_gpio.h": No such file or directory
compiling system_stm32f10x.c...
D:\Keil\ARM\Inc\ST\STM32F10x\stm32f10x.h(8297): error:  #5: cannot open source input file "stm32f10x_conf.h": No such file or directory
compiling stm32f10x_rcc.c...
Lib3.5\src\stm32f10x_rcc.c(23): error:  #5: cannot open source input file "stm32f10x_rcc.h": No such file or directory
compiling stm32f10x_exti.c...
Lib3.5\src\stm32f10x_exti.c(23): error:  #5: cannot open source input file "stm32f10x_exti.h": No such file or directory
```

图 1.36　头文件未拷贝或搜索路径设置错误

如果在源文件中没有设置头文件包含指令，编译时会出现如图 1.37 所示的出错提示。这类出错提示有以下几个特征：首先，此处是编译阶段的错误，而不是像图 1.33 那样的链接错误，所以错误在 .h 文件，而不在 .c 文件；其次，所有提示出错点的前缀一致，观察图 1.37 可以发现，所有出错符号有一个共同的前缀“GPIO_”，按照 STM32 库函数的 CMSIS

命名规则，可以判定有关 GPIO 的头文件没有被正确地包含进来。如图 1.35 所示，将“stm32f10x_gpio.h”头文件包含进来即可解决该问题。

不过有些用户会发现，某些情况下没有使用 include 指令包含头文件时，也没有出现如图 1.36 所示的问题。这是怎么回事呢？

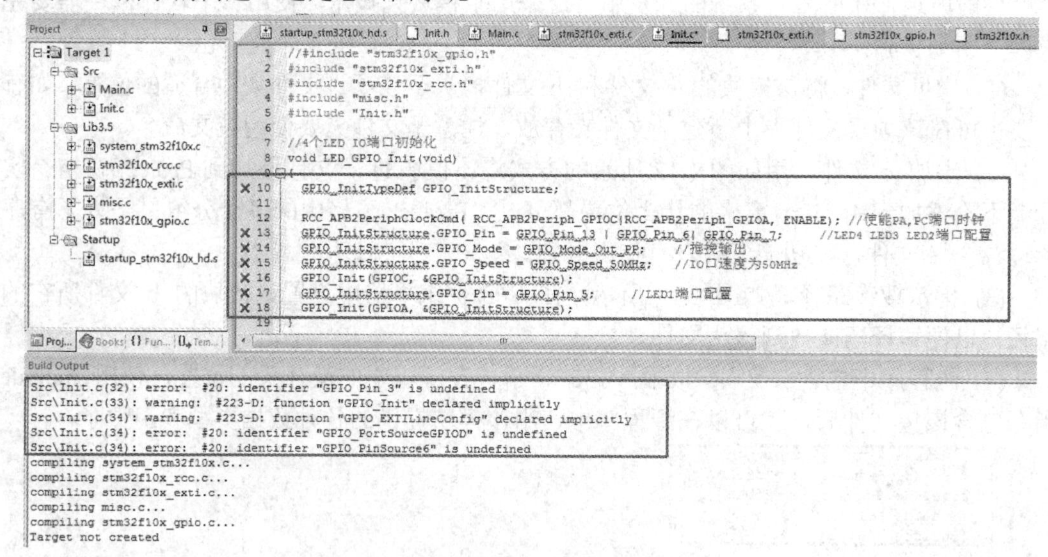

图 1.37　头文件未包含错误

实际上在 STM32 的库函数中还有一个比较特殊的头文件“stm32f10x.h”，它是每个项目标配必须包含的头文件，在这个头文件中又嵌套包含了“stm32f10x_conf.h”。如图 1.38 所示，如果在“stm32f10x_conf.h”文件中包含了 STM32 常用模块的头文件，那么以后在各个源程序中就不用再次包含这些头文件了。根据这一思路，用户也可将自己编写模块的头文件放在“stm32f10x_conf.h”文件中。

```
stm32f10x_conf.h*
25
26  /* Includes ------------------------------------------------------------------*/
27  /* Uncomment/Comment the line below to enable/disable peripheral header file inclusion */
28  #include "stm32f10x_adc.h"
29  #include "stm32f10x_bkp.h"
30  #include "stm32f10x_can.h"
31  #include "stm32f10x_cec.h"
32  #include "stm32f10x_crc.h"
33  #include "stm32f10x_dac.h"
34  #include "stm32f10x_dbgmcu.h"
35  #include "stm32f10x_dma.h"
36  #include "stm32f10x_exti.h"
37  #include "stm32f10x_flash.h"
38  #include "stm32f10x_fsmc.h"
39  #include "stm32f10x_gpio.h"
40  #include "stm32f10x_i2c.h"
41  #include "stm32f10x_iwdg.h"
42  #include "stm32f10x_pwr.h"
43  #include "stm32f10x_rcc.h"
44  #include "stm32f10x_rtc.h"
45  #include "stm32f10x_sdio.h"
46  #include "stm32f10x_spi.h"
47  #include "stm32f10x_tim.h"
48  #include "stm32f10x_usart.h"
49  #include "stm32f10x_wwdg.h"
50  #include "misc.h" /* High level functions for NVIC and SysTick (add-on to CMSIS functions) */
51
52  /* Exported types ------------------------------------------------------------*/
53  /* Exported constants --------------------------------------------------------*/
```

图 1.38　在 stm32f10x_conf.h 中包含的头文件

1.4　开发板串口 ISP 下载程序的方法

1.4.1　USB 转串口、ISP 自动下载及 JTAG 接口电路

USB 转串口、ISP 自动下载及 JTAG 接口电路接口电路如图 1.39 所示。其中：PL2303 为 USB 转串口芯片，用于实现 USB 转串口及 ISP 自动下载功能；UART D+ 与 UART D- 来自 CN3 USB 接口的 2、3 引脚(详见图 1.2)；PA9、PA10 为 STM32 芯片的串口；BOOT0 为 ISP 自动下载时的配置引脚；CN15 为标准 JTAG 接口，用户可使用 J-Link 等仿真器进行 MCU 的仿真、调试与下载。

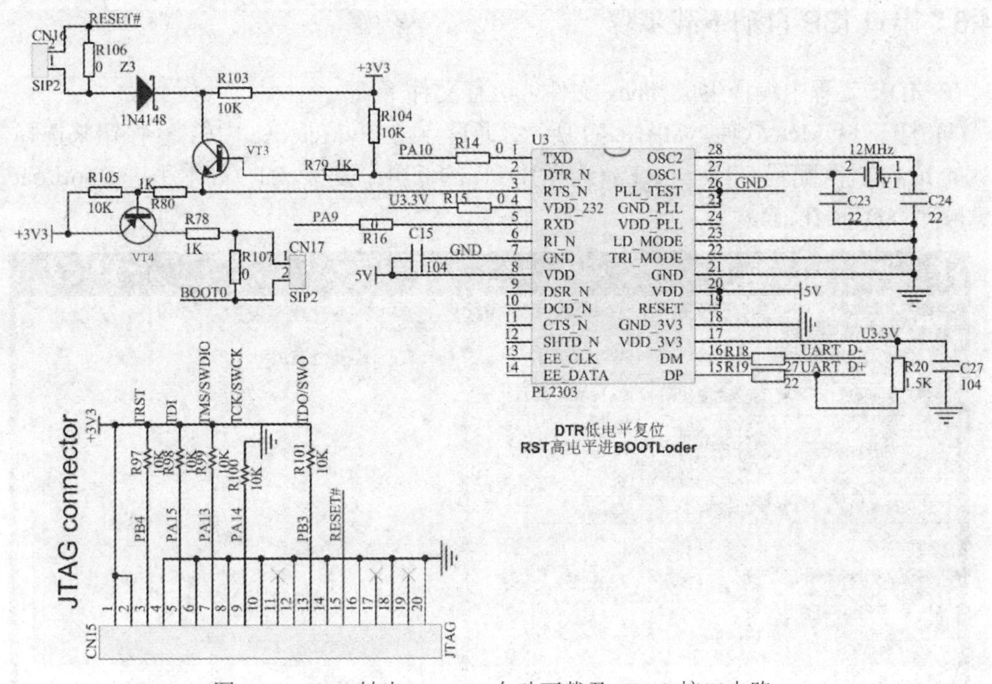

图 1.39　USB 转串口、ISP 自动下载及 JTAG 接口电路

1.4.2　串口 ISP 自动下载原理

开发板通过 PL2303 实现 USB 供电及 ISP 自动下载功能。如图 1.39 所示，PL2303 转换出来的是包含了 TXD、RXD 及 DTR#(图中为 DTR-N)、RTS#(图中为 RTS-N)等信号的标准串行接口。

使用 FlyMcu 软件点击“开始编程”后，DTR#、RTS# 信号由 FlyMcu 软件控制。

开始编程前，FlyMcu 软件需设置为“DTR 的低电平复位，RTS 高电平进 BootLoader”(注意顺序：DTR 在前)，并选中“编程后执行”(注意：PL2303 接口出来的 DTR、RTS 信号电平是相反的，是 DTR#、RTS#)。

按上面设置后，“开始编程”就会按下面的过程工作：

(1) 当 DTR# = H，RTS# = L 时，VT3 导通，RESET = L，单片机复位。因为 RTS# = L，所以 VT4 导通后 BOOT0=H。

(2) 当 DTR# = L 时(VT3 不导通)，单片机复位结束。单片机复位后，一直保持 RTS# = L，VT4 导通，此时 BOOT0 = H。

(3) 复位后，单片机开始启动，检测到 BOOT0 = H 时，单片机进入串口下载。

(4) 因为设置了“编程后执行”，所以程序下载后，单片机会再次复位(此时 DTR# = H，RTS# = L)。

(5) 单片机复位后，DTR# = L，RTS# = H(VT3、VT4 不导通)，此时 BOOT0 = L。

(6) 复位后单片机开始启动，检测到 BOOT0 = L 时，单片机就从用户 Flash 区开始执行程序，程序就可以开始正常运行。

1.4.3 串口 ISP 自动下载步骤

在 MDK 工程中编译生成 *.hex 文件，进行文件下载。

(1) 打开 FlyMcu 软件。如图 1.40 所示，通过点击 FlyMcu.exe 中的 按钮来选择需要加载的 hex 文件，配置 DTR 与 RTS (选择“DTR 的低电平复位，RTS 高电平进 BootLoader”，注意顺序：DTR 在前)。

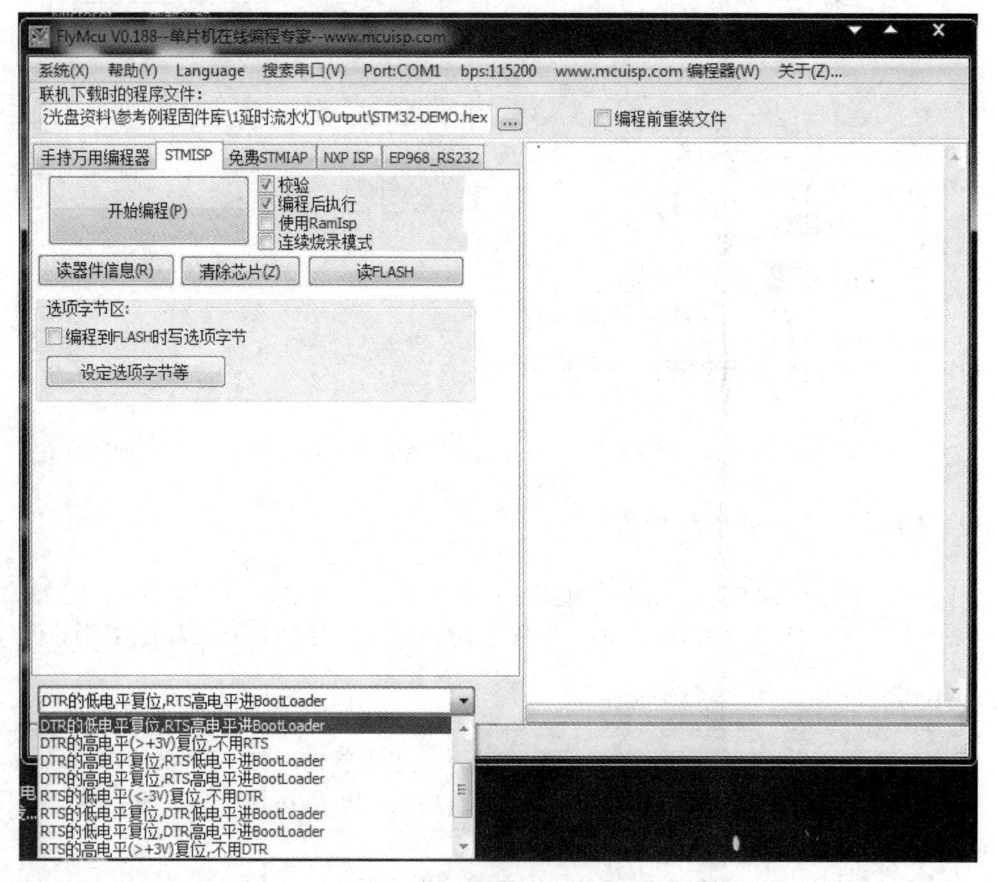

图 1.40　DTR 与 RTS 配置界面

可以勾选图 1.40 中的“编程前重装文件”，这样重新编译后 FlyMcu 会自动装入该路径下最新的 hex 文件并下载，从而不用每次编译后去查找下载文件了。

(2) 点击“开始编程”按钮，下载程序，如图 1.41 所示。若最后一行显示“……一切正常”的信息，则表示程序下载成功。

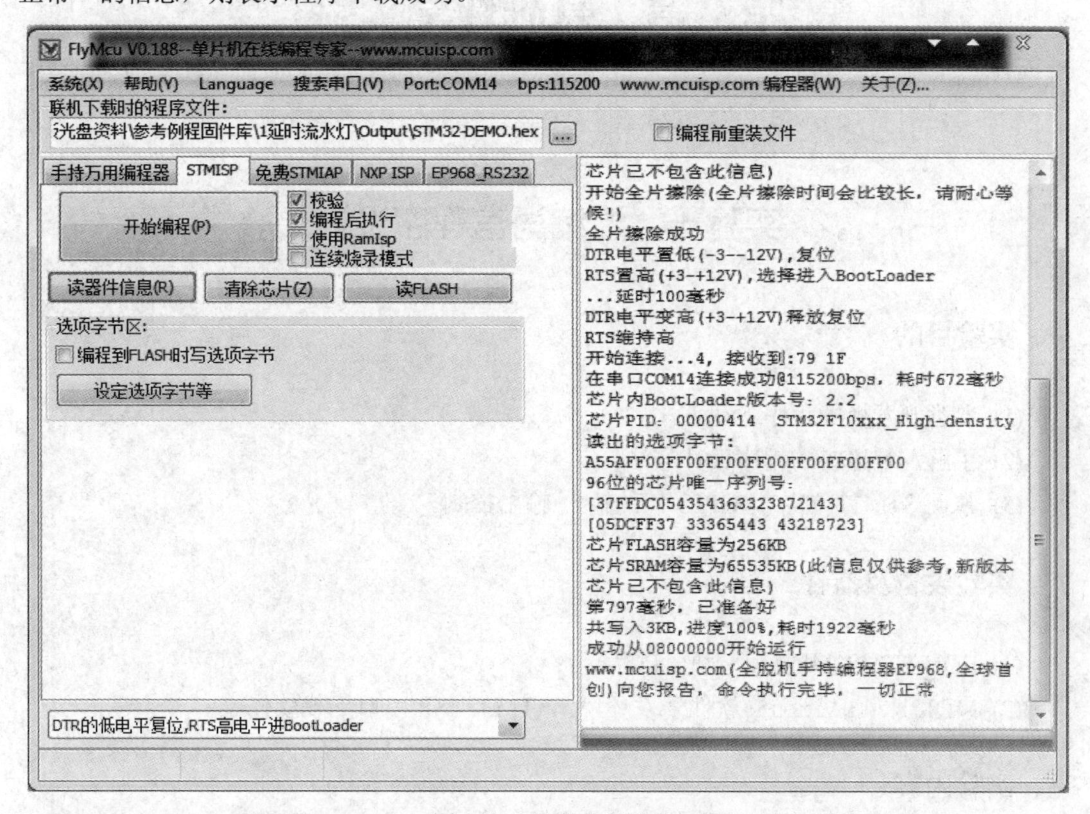

图 1.41　下载成功界面

第 2 章　基础教学实验

实验一　汇编语言程序设计

一、实验目的

(1) 熟悉开发板的程序下载方法；
(2) 了解汇编语言的程序设计方法；
(3) 掌握 STM32 单片机 GPIO 口的输入/输出控制。

二、实验设备及器件

(1) EDU-STM32 开发板一块，PC 一台；
(2) MDK Keil μVision5 软件开发环境，STM32-ISP 串口下载软件。

三、实验内容

通过 STM32 开发板上的按键 K1(PD12)来控制 LED2(PC7)指示灯，即按下 K1，LED2 点亮，松开 K1，LED2 熄灭。另外，用 LED3(PC6)闪烁指示程序运行。

四、实验分析

1. 硬件分析

STM32F103V 这款单片机上共有 80 个 GPIO 口。每个 GPIO 口可独立进行配置，设置为输入或输出模式，输入模式可设置为上拉输入或下拉输入，输出模式可设置为通用开漏输出、通用推挽输出或复用开漏输出、复用推挽输出，引脚工作于输出模式时还要设置工作速度。因此，使用这些 GPIO 口可方便地完成各种电路功能设计。

开发板配有 1 个复位按键、4 个独立按键及 4 个用户指示灯。按键指示灯电路如图 2.1 所示。其中：PC6、PC7、PA5 引脚上的指示灯高电平点亮，PC13 引脚上的指示灯低电平点亮；4 个独立按键为低电平有效；当按下 K1 按键时，PD12 为低电平。

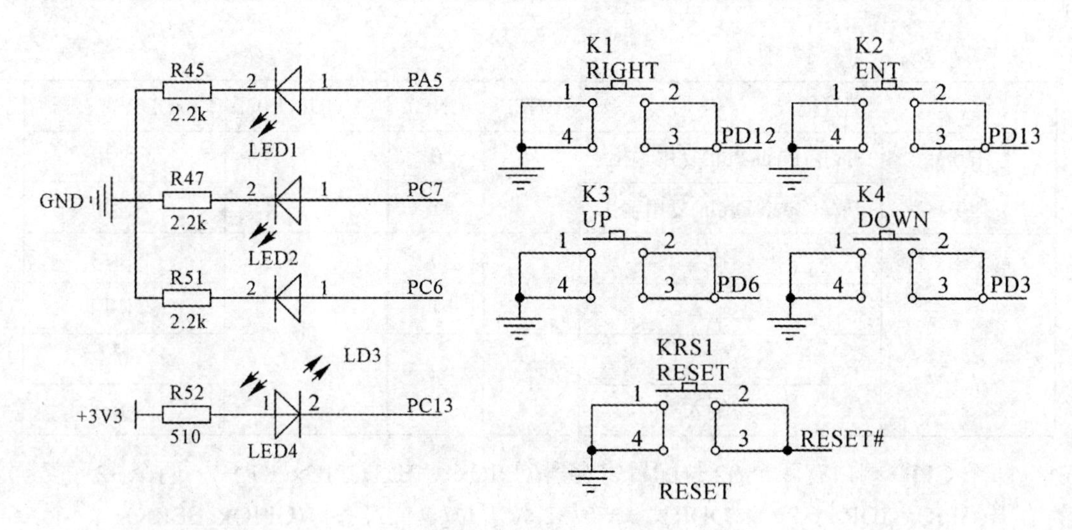

图 2.1　按键指示灯电路

2. 汇编程序分析

1) *启动过程的要求*

按 ARM 的启动序列，在内存的起始位置，使用 DCD 指令依次定义主堆栈 MSP_TOP 和复位向量 Start，并在代码段以 ENTRY 关键字指示程序从这里开始执行。

对于一个特定的芯片而言，启动过程是固定不变的，可以作为公共代码供大家调用。因此这部分启动代码是由 ARM 公司完成的，用户只需要将其加入自己的工程中即可。

2) *程序的基本结构*

整个程序由数据段和代码段组成。数据段中存放中断向量表，主要处理 CPU 启动的问题；代码段用于实现实验的功能。

合理地处理数据与代码的关系，可以高质量地完成设计任务。

3) *结构化编程*

程序中使用 EQU 指令定义了大量的宏，一方面可以将有关符号一次定义，处处使用，降低了出错的概率；另一方面这些符号能做到见名知义，增加了程序的可读性。

4) *寄存器*

单片机中的所有功能都是依靠操作寄存器来完成的，因此应该对所用到的寄存器有所了解。

GPIO 端口的每个位可以由软件分别配置成多种模式。模拟输入、浮空输入、下拉输入、上拉输入、推挽输出、开漏输出、推挽复用输出、开漏复用输出，详见表 2.1。

表 2.1　GPIO 端口的位配置

<table>
<tr><th colspan="2">配置模式</th><th>CNF1</th><th>CNF0</th><th>MODE[1:0]</th><th>PxODR 寄存器</th></tr>
<tr><td rowspan="2">通用输出</td><td>推挽(Push-Pull)输出</td><td rowspan="2">0</td><td>0</td><td rowspan="2">01
10
11</td><td>0 或 1</td></tr>
<tr><td>开漏(Open-Drain)输出</td><td>1</td><td>0 或 1</td></tr>
</table>

续表

配置模式		CNF1	CNF0	MODE[1:0]	PxODR 寄存器
复用功能输出	推挽(Push-Pull)复用输出	1	0		不使用
	开漏(Open-Drain)复用输出		1		不使用
输入	模拟输入	0	0	00	不使用
	浮空输入		1		不使用
	下拉输入	1	0		0
	上拉输入				1

每个 GPIO 端口有两个 32 位配置寄存器(GPIOx_CRL, GPIOx_CRH)，两个 32 位数据寄存器(GPIOx_IDR, GPIOx_ODR)，一个 32 位置位/复位寄存器(GPIOx_BSRR)，一个 16 位复位寄存器(GPIOx_BRR)和一个 32 位锁定寄存器(GPIOx_LCKR)。

每个 I/O 端口位可以自由编程，且 I/O 端口寄存器必须按 32 位字被访问(不允许半字或字节访问)。GPIOx_BSRR 和 GPIOx_BRR 寄存器允许对任何 GPIO 寄存器进行读/更改的独立访问，这样在读和更改访问之间产生 IRQ 时不会发生危险。

GPIOx_CRL 控制的是低 8 位输出口，而 GPIOx_CRH 控制的是高 8 位输出口。GPIOx_CRL 中各位的含义如图 2-2 所示。输出模式位的含义见表 2-2。

31　30	29　28	27　26	25　24	23　22	21　20	19　18	17　16
CNF7[1:0]	MODE7[1:0]	CNF6[1:0]	MODE6[1:0]	CNF5[1:0]	MODE5[1:0]	CNF4[1:0]	MODE4[1:0]
15　14	13　12	11　10	9　8	7　6	5　4	3　2	1　0
CNF3[1:0]	MODE3[1:0]	CNF2[1:0]	MODE2[1:0]	CNF1[1:0]	MODE1[1:0]	CNF0[1:0]	MODE0[1:0]

图 2.2　GPIOx_CRL

表 2.2　输出模式位的含义

MODE[1:0]	含　义	MODE[1:0]	含　义
00	保留	10	最大输出速度为 2 MHz
01	最大输出速度为 10 MHz	11	最大输出速度为 50 MHz

五、实验步骤

(1) 建立一个新工程，按规范要求输入本实验的参考例程。

(2) 排查错误，并进行编译和链接。

(3) 将开发板接入 PC，通过 FlyMcu 软件下载程序，查看运行结果。

六、参考例程

文件 Main.S 的代码如下：

```
;;;;;;;;;;;;;;;;;;;;;;;;;;;;;;;;;;;;;;;;;;;;;;;;;;;;;;;;;;;;;;
;; STM32 按键控制 LED 灯实验
;; LED3(PC6)闪烁指示程序运行
;;按键 K1(PD12)控制 1 个灯 LED2(PC7)
;;;;;;;;;;;;;;;;;;;;;;;;;;;;;;;;;;;;;;;;;;;;;;;;;;;;;;;;;;;;;;
; RCC 寄存器地址映像
RCC_BASE            EQU         0x40021000
RCC_APB2ENR         EQU         (RCC_BASE + 0x18)

; GPIOC 寄存器地址映像
GPIOC_BASE          EQU         0x40011000      ; GPIOC 口基地址
GPIOC_CRL           EQU         (GPIOC_BASE + 0x00)
GPIOC_CRH           EQU         (GPIOC_BASE + 0x04)
GPIOC_IDR           EQU         (GPIOC_BASE + 0x08)
GPIOC_ODR           EQU         (GPIOC_BASE + 0x0C)
GPIOC_BSRR          EQU         (GPIOC_BASE + 0x10)
GPIOC_BRR           EQU         (GPIOC_BASE + 0x14)
GPIOC_LCKR          EQU         (GPIOC_BASE + 0x18)
IOPCEN              EQU         0x00000010          ; GPIOC 时钟使能

; GPIOD 寄存器地址映像
GPIOD_BASE          EQU         0x40011400          ; GPIOD 口基地址
GPIOD_CRL           EQU         (GPIOD_BASE + 0x00)
GPIOD_CRH           EQU         (GPIOD_BASE + 0x04)
GPIOD_IDR           EQU         (GPIOD_BASE + 0x08)
GPIOD_ODR           EQU         (GPIOD_BASE + 0x0C)
GPIOD_BSRR          EQU         (GPIOD_BASE + 0x10)
GPIOD_BRR           EQU         (GPIOD_BASE + 0x14)
GPIOD_LCKR          EQU         (GPIOD_BASE + 0x18)
IOPDEN              EQU         0x00000020          ; GPIOD 时钟使能

;位带地址映像
Bit_BASE            EQU 0x40000000                  ; 设备位带区起始地址
BitAlias_BASE       EQU 0x42000000                  ; 设备位带别名区起始地址

; LED 位带定义
```

```
PortCbit7       EQU     (BitAlias_BASE + ((GPIOC_ODR - Bit_BASE) * 0x20+7 * 4))
LED2            EQU     PortCbit7

;按键位带定义
PortDbit12      EQU     (BitAlias_BASE + ((GPIOD_IDR - Bit_BASE) * 0x20 + 12 * 4))
Key             EQU     PortDbit12

;主堆栈起始值
MSP_TOP         EQU     0x20005000

;常量定义
Bit12           EQU     0x00001000

;向量表
AREA RESET, DATA, REA DONLY
DCD     MSP_TOP                 ;初始化主堆栈
DCD     Start                   ;复位向量
DCD     NMI_Handler             ;不可屏蔽中断处理
DCD     HardFault_Handler       ;硬件故障处理
DCD     0
DCD     0
DCD     0
DCD     0
DCD     0
DCD     0
DCD     0
DCD     0
DCD     0
DCD     0
DCD     0
DCD     0
SPACE   20                      ;预留空间 20 字节

;代码段
AREA |.text|, CODE, READONLY
;主程序开始
ENTRY                           ;指示程序从这里开始执行
MAIN
   LDR      R1, =RCC_APB2ENR
```

```
    LDR      R0, [R1]                ;读 APB2 外设时钟使能寄存器(RCC_APB2ENR)
    ORR      R0, #(IOPCEN : OR : IOPDEN)
    STR      R0, [R1]                ;写 APB2 外设时钟使能寄存器，使能 GPIOC、GPIOD 时钟

    LDR      R0, =0x33444444         ;将 PC7 和 PC6 设置成 50MHz 推挽输出
    LDR      R1, =GPIOC_CRL;
    STR      R0, [R1]

    LDR      R0, =0x44484444         ;将 PD12 设置成上拉输入
    LDR      R1, =GPIOD_CRH;
    STR      R0, [R1]

    LDR      R1, =GPIOD_ODR
    LDR      R0, [R1]                ;读 GPIOD 的 ODR
    ORR      R0, #Bit12              ;修改
    STR      R0, [R1]                ;写 GPIOD 的 ODR

    LDR      R1, =GPIOC_BSRR
    LDR      R0, =0X00400000         ; BSRR 高清除，点亮 PC6 上的 LED
    LDR      R2, =0X00000040         ; BSRR 低置位，熄灭 PC6 上的 LED

    LDR      R3, =Key                ;装入 Key 的位带地址
    LDR      R4, =LED2               ;装入 LED2 的位带地址
LOOP
    STR      R0, [R1]                ;点亮 PC6 上的 LED
    PUSH     {R0}
    MOV      R0, #300
    BL.W     DELAY_NMS               ;延时 300 ms
    POP      {R0}

    STR      R2, [R1]                ;熄灭 PC6 上的 LED
    PUSH     {R0}
    MOV      R0, #300
    BL.W     DELAY_NMS               ;延时 300 ms
    POP      {R0}

    LDR      R5, [R3]                ;读按键 Key
    STR      R5, [R4]                ;输出到 LED2
```

```
    B       LOOP                    ;循环

;异常程序
NMI_Handler
    BX      LR

HardFault_Handler
    BX      LR

;;;;;;;;;;;;;;;;;;;;;;;;;;;;;;;;;;;;;;;;;;;;;;;;;;;;;;;;;;;;;;;;;;;;;
;延时 R0(ms)，误差((R0-1)*4+12)/8μs
;延时较长时，误差小于 0.1%
;;;;;;;;;;;;;;;;;;;;;;;;;;;;;;;;;;;;;;;;;;;;;;;;;;;;;;;;;;;;;;;;;;;;;

DELAY_NMS
      PUSH    {R1}                  ; 2 个周期
DELAY_NMSLOOP
      SUB     R0, #1
      MOV     R1, #1000
DELAY_ONEUS
      SUB     R1, #1
      NOP
      NOP
      NOP
      CMP     R1, #0
      BNE     DELAY_ONEUS
      CMP     R0, #0
      BNE     DELAY_NMSLOOP
      POP     {R1}
      BX      LR

      ALIGN          ;用零或空指令 NOP 填充，使当前位置与一个指定的边界对齐
      END
```

习题

(1) 查看原理图并分析各 LED 的限流电阻值是多少。为何这样选取？

(2) 请修改程序，用 K2(PD13)替换 K1(PD12)控制 LED2(PC7)的亮灭。

(3) LED 指示灯有哪些封装形式？各有什么用途？

(4) 延时子程序有什么用途？它会带来什么样的副作用？

(5) 详细解释以下代码，对其中的每个符号和数字进行说明。

```
LDR     R0, =0x44484444
LDR     R1, =GPIOD_CRH
STR     R0, [R1]
```

(6) 根据实验分析中所说的“合理地处理数据与代码的关系”，设计适当的数据，并编写程序，用三个 LED(PC6, PC7, PC13)指示灯实现跑马灯功能。

(7) 通过 C 语言编程实现本实验的功能要求。

实验二　多功能电脑时钟 LED 显示实验

一、实验目的

(1) 在灵活使用 MDK 环境的条件下，熟悉开发板的程序下载方法；

(2) 熟悉使用库函数的程序设计方法；

(3) 掌握 STM32 单片机 GPIO 口的输入/输出控制；

(4) 掌握数码管动态扫描的工作原理及显示方法。

二、实验设备及器件

(1) EDU-STM32 开发板一块，PC 一台；

(2) MDK Keil μVision5 软件开发环境，STM32-ISP 串口下载软件。

三、实验内容

在 STM32 开发板上，用 4 位数码管显示小时和分钟，前 2 位显示小时，后 2 位显示分钟。第 2 位数码管的小数点长亮。

四、实验分析

1. 硬件分析

每个数码管都是由 8 个 LED 组成的，分别为 a、b、c、d、e、f、g 及 dp(小数点)，a 为最低位，dp 为最高位。阴极连在一起的数码管称为共阴极数码管，阳极连在一起的数码管称为共阳极数码管。

STM32 开发板配有 4 个共阴极数码管。如果每个数码管需要 8 个 I/O 口，则 4 个数码管需要 32 个 I/O 口，这在现实中很难满足。为了节约 I/O 口，我们将每个数码管的同名端连在一起，在每个数码管的公共端 com 口增加位选通控制电路，如图 2.3 所示。在同一时刻，所有的数码管接收同样的段码，但究竟哪个数码管显示出字形，由位选通控制电路决定。利用发光管的余辉和人眼的“视觉暂留”效应，循环点亮每个数码管，只要间隔时间设置恰当，便会让人感觉所有的数码管被同时点亮，这就是数码管的动态扫描技术。

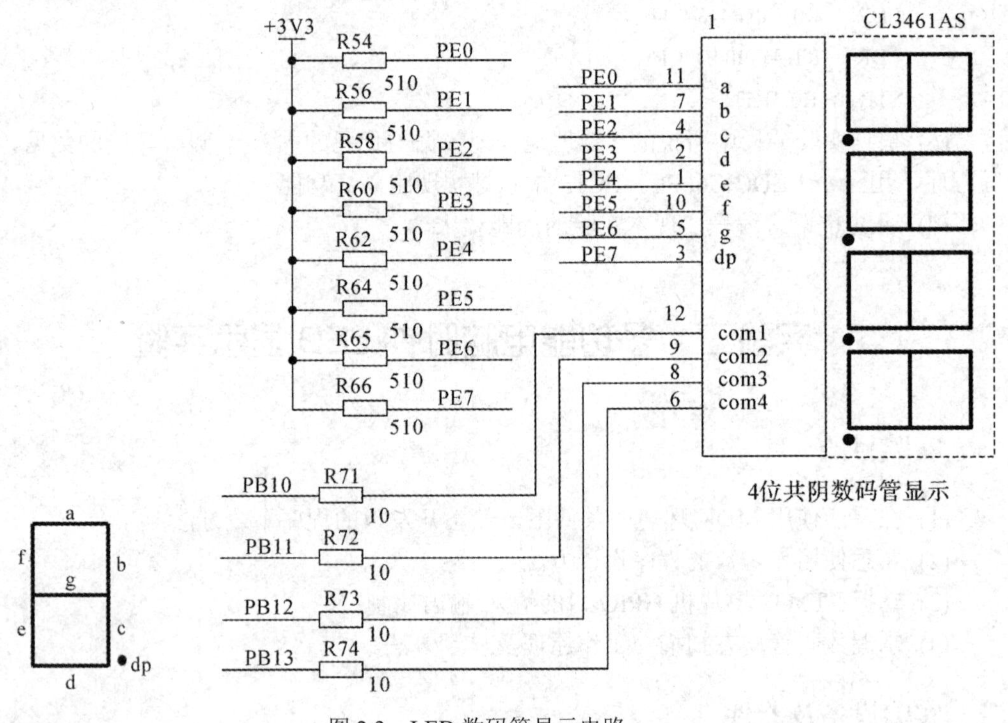

图 2.3　LED 数码管显示电路

2. 程序流程图

主程序流程图如图 2.4 所示，动态扫描程序流程图如图 2.5 所示。

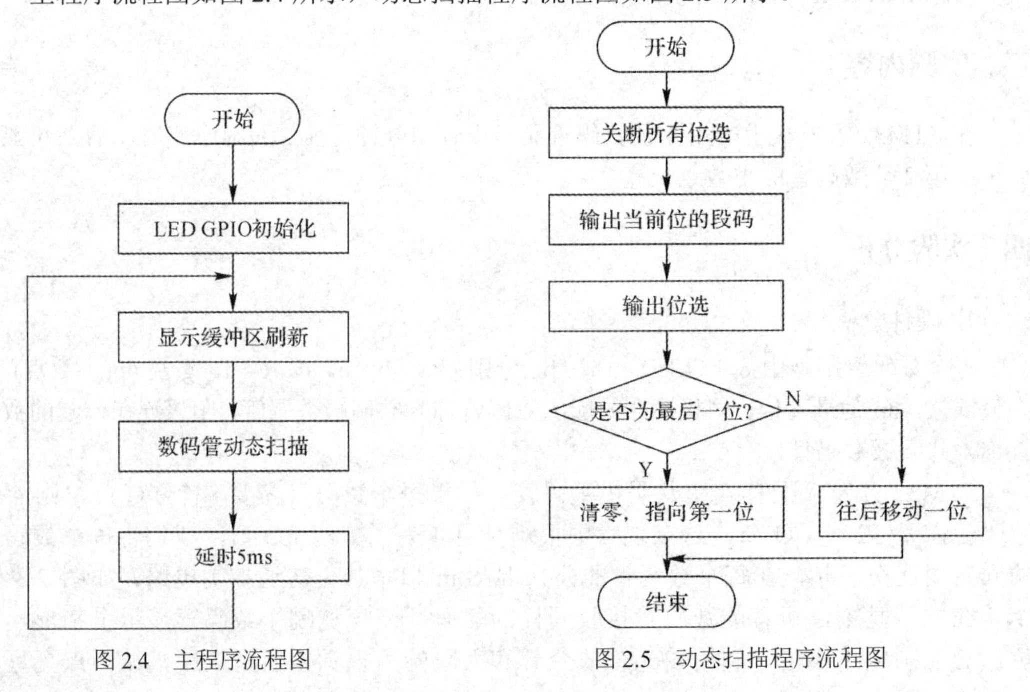

图 2.4　主程序流程图　　　　图 2.5　动态扫描程序流程图

本实验由 5 个函数组成，分别为主函数、LED GPIO 初始化函数、显示缓冲区刷新函数、数码管动态扫描函数和延时函数。

五、实验步骤

1. 新建工程

参照 1.3 节建立一个工程，并将 stm32f10x_rcc.c(时钟配置)和 stm32f10x_gpio.c(GPIO 配置)文件添加到工程左侧 Project 的 Lib3.5 目录下。然后在 Main.c 文件中编写一个空的 main 函数。结果如图 2.6 所示。

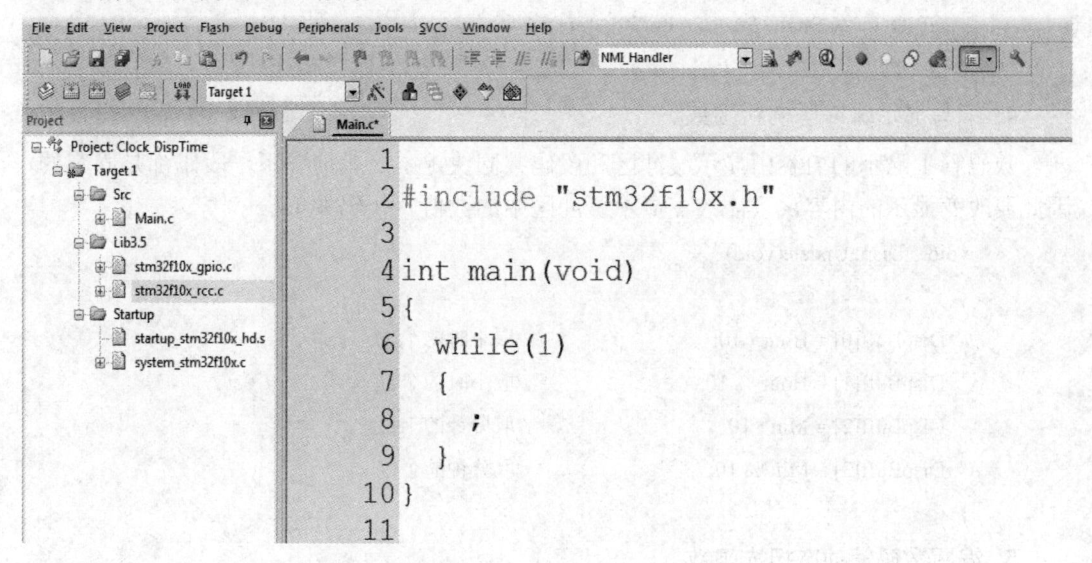

图 2.6　新建立的工程

2. 定义全局变量

全局变量定义如下：

```
unsigned  char  Hour = 12, Min = 0, Sec = 0;              //时，分，秒
unsigned  char  DispBuff[4] = {0, 0, 0, 0};               //显示缓冲区数组
unsigned  char  LedSegment[ ] = {0x3f, 0x06, 0x5b, 0x4f, 0x66, 0x6d,
                                 0x7d, 0x07 ,0x7f, 0x6f};      //段码
```

3. 编写 LED GPIO 初始化函数

从图 2.3 中可知，数码管动态扫描电路使用了 PB10～PB13 作为位选，PE0～PE7 作为段选。使用前需要对这些 I/O 口进行初始化。首先要使能挂在 APB2 总线上的 PB 和 PE 端口时钟，然后将 I/O 口配置为推挽输出模式。代码如下：

```
void  Init_LED_GPIO(void)
{
  GPIO_InitTypeDef  GPIO_InitStructure;
  //使能 GPIOB 和 GPIOE 的时钟
  RCC_APB2PeriphClockCmd(RCC_APB2Periph_GPIOB | RCC_APB2Periph_GPIOE, ENABLE);
```

```
    //数码管位选引脚初始化
    GPIO_InitStructure.GPIO_Pin = GPIO_Pin_10 | GPIO_Pin_11 | GPIO_Pin_12 | GPIO_Pin_13;
    GPIO_InitStructure.GPIO_Speed = GPIO_Speed_2MHz;
    GPIO_InitStructure.GPIO_Mode = GPIO_Mode_Out_PP;
    GPIO_Init(GPIOB, &GPIO_InitStructure);
    //数码管段选引脚初始化
    GPIO_InitStructure.GPIO_Pin = GPIO_Pin_0 | GPIO_Pin_1 | GPIO_Pin_2 | GPIO_Pin_3 |
    GPIO_Pin_4 | GPIO_Pin_5 | GPIO_Pin_6 | GPIO_Pin_7;
    GPIO_Init(GPIOE, &GPIO_InitStructure);
}
```

4. 编写显示缓冲区刷新函数

数码管上显示的内容由显示缓冲区和段码共同决定。一般情况下，段码都是固定的，因此要改变显示的内容，只需改变显示缓冲区中的数值。代码如下：

```
void  Disp_Update(void)
{
    DispBuff[0] = Hour / 10;            //取小时的十位
    DispBuff[1] = Hour % 10;            //取小时的个位
    DispBuff[2] = Min / 10;             //取分钟的十位
    DispBuff[3] = Min % 10;             //取分钟的个位
}
```

5. 编写数码管动态扫描函数

根据图 2.5 所示的动态扫描程序流程图编写数码管动态扫描函数。代码如下：

```
void  Disp_Scan(void)
{
    static  unsigned  char  bit = 0;          //位选状态变量
    unsigned  char  dat;
    GPIO_SetBits(GPIOB, GPIO_Pin_13 | GPIO_Pin_12 | GPIO_Pin_11 |
                GPIO_Pin_10);                 //关断所有位码
    dat = LedSegment[DispBuff[bit]];          //查表得到段码
    if(bit == 1)   dat |= 0x80;               //点亮第 2 位数码管的小数点
    GPIO_Write(GPIOE, dat);                   //输出段码
    switch(bit)                               //输出位选码
    {
      case 0: GPIO_ResetBits(GPIOB, GPIO_Pin_10);
        break;
      case 1: GPIO_ResetBits(GPIOB, GPIO_Pin_11);
        break;
```

```
        case 2: GPIO_ResetBits(GPIOB, GPIO_Pin_12);
            break;
        case 3: GPIO_ResetBits(GPIOB, GPIO_Pin_13);
            break;
    }
    if(++bit>= 4)    bit = 0;                        //状态量循环
}
```

6. 编写延时函数

延时函数是通过循环执行语句来达到延时目的的，每执行一条语句，都要耗费 CPU 一些处理时间。当 ms = 1 时，执行一次的时间大约为 1 ms。代码如下：

```
void   Delay_ms(unsigned   int   ms)
{
    unsigned   int   i, j;
    for(i = 0; i < ms; i++)
    {
        for(j = 0; j < 8450; j++)    ;
    }
}
```

7. 编写主函数

根据图 2.4 所示的主程序流程图编写主函数。通常主函数分为两个部分：一是初始化部分，即 while(1)以外的部分，这部分代码只执行一次，完成必要的初始化工作；二是 while(1)循环部分，这部分是程序的核心，完成所有用户设计的所有功能。代码如下：

```
int   main(void)
{
    Init_LED_GPIO( );                  // LED 引脚初始化
    while(1)
    {
        Disp_Update( );                //刷新显示内容
        Disp_Scan( );                  //数码管动态扫描显示
        Delay_ms(5);                   //延时
    }
}
```

8. 编译和链接

排查错误，并进行编译和链接。

9. 运行结果

将开发板接入 PC，通过 FlyMcu 软件下载程序，查看运行结果。

习题

(1) 修改延时时间，观察程序运行结果，并分析其原因。
(2) 如何修改程序，可以在数码管上显示 12.AB？
(3) 如何修改程序，可以让第 2 位数码管的小数点闪烁发亮？
(4) 为什么要采用结构体变量进行 GPIO 初始化？
(5) 本实验代码中，数组 DispBuff 起什么作用？
(6) 本实验代码中，数组 LedSegment 起什么作用？
(7) GPIO 配置为输入/输出模式的依据是什么？
(8) 为什么要把程序分成多个函数？这体现了什么样的设计思想？
(9) 将 Disp_Update 等函数的定义放在 main 函数之后会出现什么问题？为什么？
(10) 在 void Disp_Update(void)这样的函数定义语句之后为什么不加分号？
(11) 本次实验中遇到了哪些出错提示？请提供截屏图片，并说明是如何分析和处理的。
(12) 如何使用按键修改显示的时间？

实验三　多功能电脑时钟按键调时实验

一、实验目的

(1) 熟悉外部中断原理；
(2) 掌握外部中断方式下的按键消抖方法；
(3) 掌握软件查询方式下的按键消抖方法；
(4) 掌握用按键修改数据的方法。

二、实验设备及器件

(1) EDU-STM32 开发板一块，PC 一台；
(2) MDK Keil μVision5 软件开发环境，STM32-ISP 串口下载软件。

三、实验内容

在实验二的基础上，增加按键调时功能。将 K4(PD3)配置为外部中断方式，用循环减的方式修改小时；将 K3(PD6)、K2(PD13)和 K1(PD12)配置为普通 I/O 输入模式，用软件查询按键状态，其中 K3 用于循环加小时，K1 和 K2 分别用于加分钟和减分钟。

四、实验分析

1. 硬件分析

STM32 开发板配有 4 个独立按键，分别为 K1(PD12)、K2(PD13)、K3(PD6)和 K4(PD3)，

如图 2.7 所示。所有按键都是低电平有效。

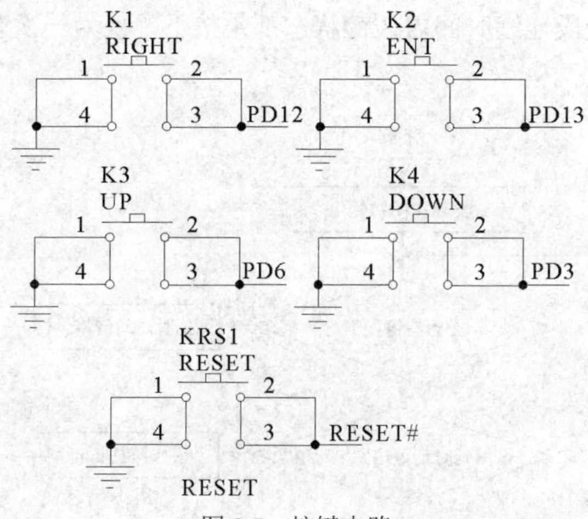

图 2.7　按键电路

在理想状态下，每次按键会产生一个上升沿和一个下降沿，但由于机械式按键在按下和释放时会伴随一定时间的触点机械抖动，因此会造成一次按键产生多个下降沿和上升沿。为了克服机械抖动造成的误判，必须采取消抖措施。消抖方法有硬件消抖和软件消抖两种，本实验采用软件消抖。

2. 程序流程图

本实验通过外部中断和软件查询两种方法检测按键的输入状态。

外部中断方式是将 K4(PD3)配置为外部中断输入源，当按键按下或释放时会产生下降沿或上升沿触发中断，然后小时减 1 循环。为了消除机械抖动，两次有效按键的间隔时间必须大于一个设定值。其程序流程图如图 2.8 和图 2.9 所示。

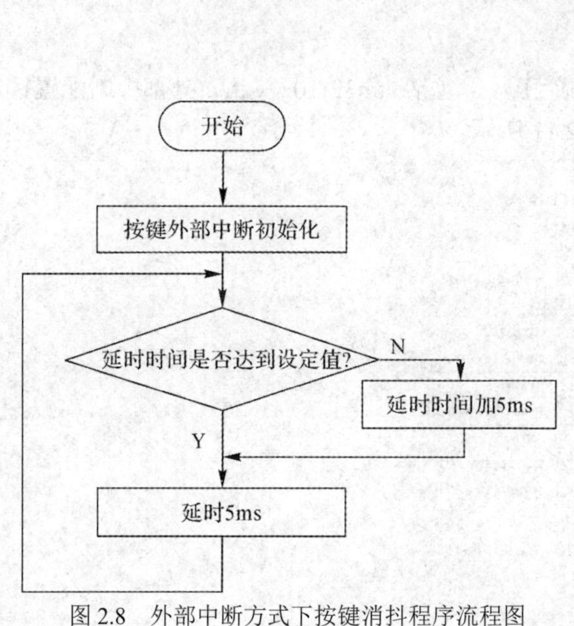

图 2.8　外部中断方式下按键消抖程序流程图

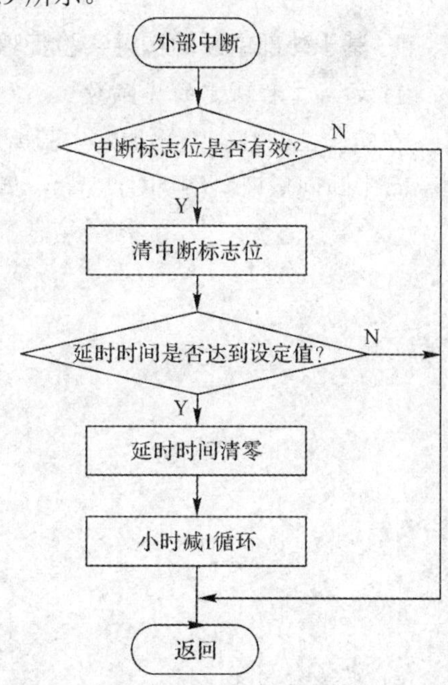

图 2.9　外部中断服务程序流程图

软件查询方式是将 K3(PD6)、K2(PD13)和 K1(PD12)配置为普通 I/O 输入模式，每 5 ms 查询一次按键状态。一段连续时间内按键状态都是按下，视为一次有效的按下。其程序流程图如图 2.10 所示。

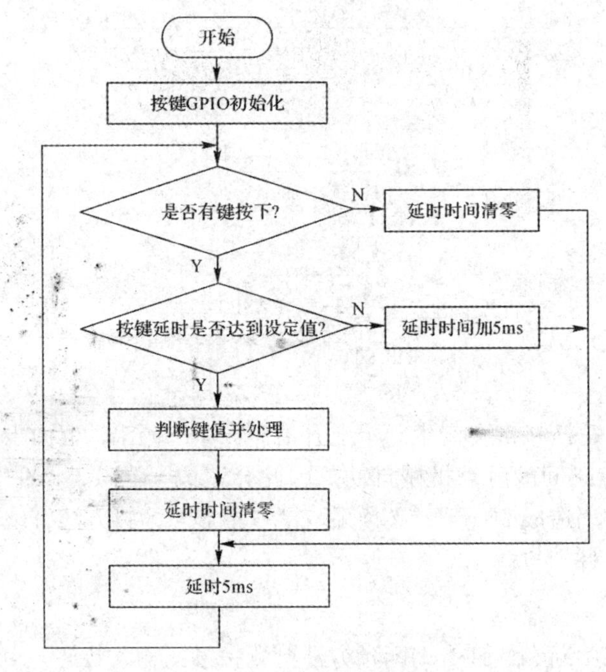

图 2.10　查询方式下按键消抖程序流程图

五、实验步骤

1. 基于外部中断的按键实验步骤

1) 添加工程所需的库函数

在实验二的基础上添加本实验所需的库函数，包括 stm32f10x_exti.c(外部中断配置)和 misc.c(中断向量嵌套(NVIC)配置)，如图 2.11 所示。

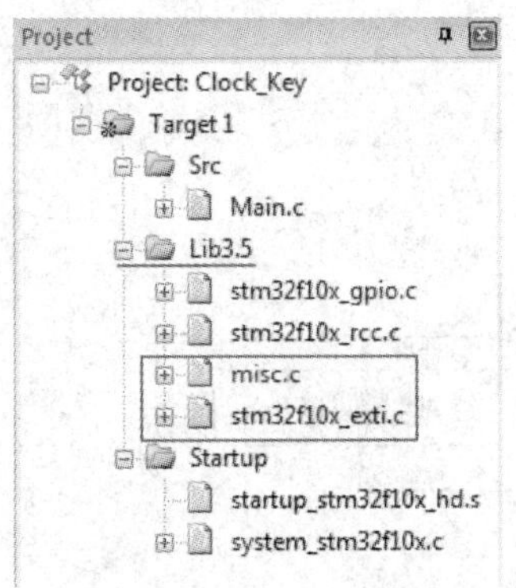

图 2.11　添加库函数

2) 定义全局变量

全局变量定义如下：

```
unsigned short ExtiDly = 0;            //外部中断方式下按键消抖延时时间
```

3) 编写按键(PD3)外部中断初始化函数

将普通 I/O 口配置为外部中断输入模式，具体步骤如下：

(1) 开启端口和端口复用时钟(它们都属于 APB2 总线)。

(2) 配置 I/O 的输入模式。由图 2.7 可知，此处只能配置为上拉输入模式。

(3) 设定中断触发模式，并将 I/O 口设定为对应的外部中断源。此处 PD3 只能和外部中断源 3 绑定。

(4) 设置中断优先级并使能中断。

代码如下：

```
void Init_Exti(void)
{
    GPIO_InitTypeDef   GPIO_InitStructure;
    EXTI_InitTypeDef   EXTI_InitStructure;
    NVIC_InitTypeDef   NVIC_InitStructure;
    //时钟使能 GPIOD 和 AFIO(引脚复用功能)
    RCC_APB2PeriphClockCmd(RCC_APB2Periph_AFIO | RCC_APB2Periph_GPIOD, ENABLE);
    //将 GPIOD3 配置为上拉输入模式
    GPIO_InitStructure.GPIO_Pin = GPIO_Pin_3;
    GPIO_InitStructure.GPIO_Speed = GPIO_Speed_50MHz;
    GPIO_InitStructure.GPIO_Mode = GPIO_Mode_IPU;
    GPIO_Init(GPIOD, &GPIO_InitStructure);
    //将 EXTI_Line3 配置为下降沿触发中断模式
    EXTI_InitStructure.EXTI_Line = EXTI_Line3;
    EXTI_InitStructure.EXTI_Mode = EXTI_Mode_Interrupt;
    EXTI_InitStructure.EXTI_Trigger = EXTI_Trigger_Falling;
    EXTI_InitStructure.EXTI_LineCmd = ENABLE;
    EXTI_Init(&EXTI_InitStructure);
    //将 EXTI_Line3 与 GPIOD3 绑定
    GPIO_EXTILineConfig(GPIO_PortSourceGPIOD, GPIO_PinSource3);
    //设置中断优先级并使能中断
    NVIC_PriorityGroupConfig(NVIC_PriorityGroup_2);
    NVIC_InitStructure.NVIC_IRQChannel = EXTI3_IRQn;
    NVIC_InitStructure.NVIC_IRQChannelPreemptionPriority = 0x02;
    NVIC_InitStructure.NVIC_IRQChannelSubPriority = 0x02;
    NVIC_InitStructure.NVIC_IRQChannelCmd = ENABLE;
    NVIC_Init(&NVIC_InitStructure);
}
```

4) 编写中断服务函数

根据图 2.9 所示的程序流程图编写中断服务函数。代码如下：

```
void  EXTI3_IRQHandler(void)
{
  if(EXTI_GetITStatus(EXTI_Line3) != RESET)
  {
    EXTI_ClearITPendingBit(EXTI_Line3);
    if(ExtiDly >= 200)                              //延时时间>200ms
    {
      ExtiDly = 0;
      if(Hour > 0)     Hour -= 1;
      else        Hour = 23;
    }
  }
}
```

5) 编写主函数

根据图 2.8 所示的程序流程图编写主程序，然后编译下载，并检查运行结果。代码如下：

```
int  main(void)
{
  Init_LED_GPIO( );               // LED 引脚初始化
  Init_Exti( );                   //按键外部中断初始化(PD)
  while(1)
  {
    Disp_Update( );               //刷新显示内容
    Disp_Scan( );                 //数码管动态扫描显示
    if(ExtiDly < 200) ExtiDly += 5;
    Delay_ms(5);
  }
}
```

2. 基于软件查询的按键实验步骤

1) 初始化函数

在上面的基础上，编写软件查询方式下按键(PD6、PD12、PD13)初始化函数。代码如下：

```
void  Init_Key_GPIO(void)
{
  GPIO_InitTypeDef  GPIO_InitStructure;
  //使能时钟
  RCC_APB2PeriphClockCmd(RCC_APB2Periph_GPIOD, ENABLE);
  //将 GPIO6、GPIO12、GPIO13 配置为上拉输入模式
```

```
    GPIO_InitStructure.GPIO_Pin = GPIO_Pin_6 | GPIO_Pin_12 | GPIO_Pin_13;
    GPIO_InitStructure.GPIO_Speed = GPIO_Speed_2MHz;
    GPIO_InitStructure.GPIO_Mode = GPIO_Mode_IPU;
    GPIO_Init(GPIOD, &GPIO_InitStructure);
}
```

2) 编写按键扫描函数

根据图 2.10 所示的程序流程图编写按键扫描函数。代码如下：

```
void   Key_Scan(void)
{
    static   unsigned   short   keydly = 0;
    unsigned   short   key;
    key = GPIO_ReadInputData(GPIOD);                //读取 PD 口的 I/O 状态
    // 0x3040 = GPIO_Pin_6 | GPIO_Pin_12 | GPIO_Pin_13
    if((key&0x3040) != 0x3040)                      //有键按下
    {
        keydly += 5;
        if(keydly >= 100)
        {
            keydly = 0;
            if((key & GPIO_Pin_6) == 0)             // K3(PD6)按下，小时加 1 循环
            {
                if(++Hour >= 24)   Hour = 0;
            }
            else if((key & GPIO_Pin_12) == 0)       // K1(PD12)按下，分钟加 1
            {
                if(++Min > 59)       Min = 59;
            }
            else if((key & GPIO_Pin_13) == 0)       // K2(PD13)按下，分钟减 1
            {
                if(Min > 0)           Min -= 1;
            }
        }
    }
    else   keydly = 0;
}
```

3) 编写主函数

编写主程序，然后编译下载，并检查运行结果。代码如下：

```
int    main(void)
{
  Init_LED_GPIO( );                 // LED 引脚初始化
  Init_Key_GPIO( );                 //按键引脚初始化(PD6、PD12、PD13)
  Init_Exti( );                     //按键外部中断初始化(PD3)
  while(1)
  {
    Disp_Update( );                 //刷新显示内容
    Disp_Scan( );                   //数码管动态扫描显示
    Key_Scan( );                    //按键扫描
    if(ExtiDly < 200) ExtiDly += 5;
    Delay_ms(5);
  }
}
```

习题

(1) 调整外部中断方式下的按键延时时间的设定值，观察运行结果，并分析原因。

(2) 用宏定义的方法，替换外部中断方式下的按键延时时间设定值，并说明使用宏定义的好处。

(3) 配置 K4(PD3)为上升沿触发，重新生成并编译下载，观察实验现象并分析原因。

(4) 比较外部中断方式和软件查询方式下的按键检测，分析其优缺点，并说明在本实验中适合用哪种方式，并分析原因。

(5) 如何修改程序，以软件查询消抖的方式使按键 K2(PD13)实现修改小时的功能？

(6) 为什么将 Hour 和 Min 定义成全局变量？是否可以把它们定义成整型或浮点型变量？为什么？

(7) 本次实验中遇到了哪些出错提示？请提供截屏图片，并说明是如何分析和处理的。

(8) 如何修改程序，可以让时钟运行？

实验四　多功能电脑时钟计时实验

一、实验目的

(1) 了解 STM32 时钟树原理及时钟的配置方法；

(2) 掌握 STM32 定时器定时参数的配置方法；

(3) 掌握STM32定时器中断编程方法。

二、实验设备及器件

(1) EDU-STM32开发板一块，PC一台；

(2) MDK Keil μVision5 软件开发环境，STM32-ISP串口下载软件。

三、实验内容

在实验三的基础上，用STM32的定时器替代延时函数，实现多功能电脑时钟的计时功能。

四、实验分析

定时中断可以理解为程序会每隔一段固定的时间自动执行一次。因此，实现定时中断的两个关键是：定时器工作方式与相关参数的计算与配置，定时器中断服务函数的功能实现。

1. 定时器

STM32定时器的时钟源有内部时钟源和外部时钟源，可对时钟进行倍频、分频等配置。开发板使用的外部时钟为8 MHz，通常将内部时钟倍频至72 MHz。

当定时器的时钟源选择内部时钟源时，时钟为72 MHz。对72 MHz进行72分频，产生的1 MHz为定时器提供时基时钟，定时周期设为5000时，定时时间为5 ms，再通过软件计时完成对不同时间的计时功能。图2.12是通用定时器时基单元。以向上计数为例，定时器初始化完成后，被选作计数器时钟源的时钟信号CK_PSC经PSC预分频器分频后作为计数脉冲施加到CNT计数器上，计数值随着时钟脉冲CK_CNT从0开始递增；当计数到自动重加载值(ARR值)后又重新从0开始新一轮计数，同时产生计数器(向上)溢出中断。

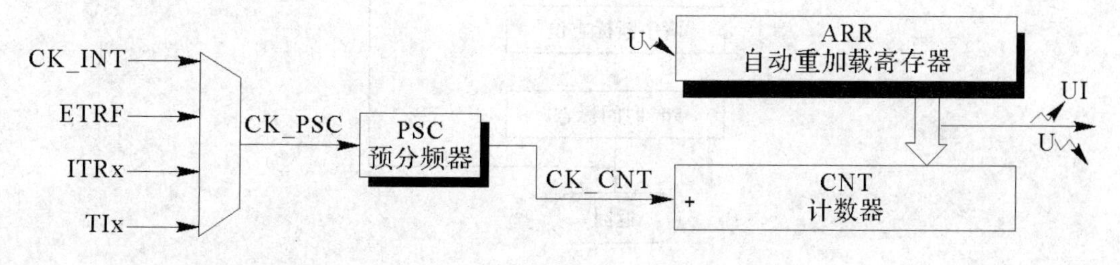

图2.12　通用定时器时基单元

2. 程序流程图

采用定时器后可以取消原来的软件延时。利用定时中断的时间标志来控制程序执行的节奏，可以大大节省CPU的运行时间。因此，在本例中(如图2.12所示)，原来的延时程序就没有了。如图2.14所示，时间标志在定时中断程序中设置，之后在主程序循环中消耗使用。

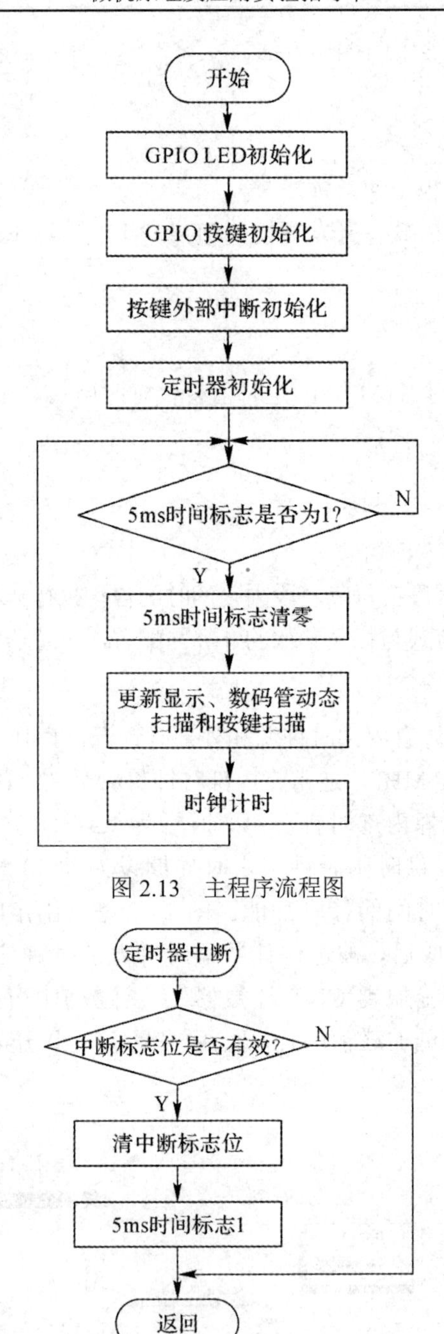

图 2.13　主程序流程图

图 2.14　定时器中断程序流程图

考虑数码管的扫描需要的时间，以及时钟对时、分、秒计时的需要，定时周期取 5 ms。因为数码管的连续显示是基于人的视觉暂停效应的，保持每秒显示 30 次较为有利，而本实验板有 4 个数码管，故基本扫描频率应为 $4 \times 30 = 120$ Hz。考虑一定的裕量，并取整便于计算，设定基本扫描频率为 200 Hz，对应的定时周期取 5 ms。

如图 2.12 所示，以 STM32 的 72 MHz 核心频率被两级分频，PSC 与 ARR 取值的乘积应满足 72 MHz / 200 Hz = 360 000，故最终取 PSC = 72，ARR = 5000。

五、实验步骤

1. 添加工程所需的库函数

在实验三的基础上添加本实验所需库函数 stm32f10x_tim.c(定时器配置)。

2. 定义全局变量

全局变量定义如下：

```
unsigned   char Flag5ms = 0;                    //5 ms 时间标志
```

3. 编写定时器初始化函数

首先使能挂在 APB2 总线上的定时器 1 的时钟；然后进行参数配置，如分频系数、定时周期以及计数模式等；随后使能中断并启动定时器；最后对中断优先级进行配置。代码如下：

```
void   Init_Timer(void)
{
  TIM_TimeBaseInitTypeDef   TIM_TimeBaseStructure;
  NVIC_InitTypeDef   NVIC_InitStructure;
  //TIM1 时钟使能
  RCC_APB2PeriphClockCmd(RCC_APB2Periph_TIM1, ENABLE);
  // 时基单元配置
  TIM_TimeBaseStructure.TIM_Period = 4999;      // 5 ms 定时时间常数
  TIM_TimeBaseStructure.TIM_Prescaler = 71;     // 71 + 1，将 72MHz 进行 72 分频，得到 1MHz
  TIM_TimeBaseStructure.TIM_ClockDivision = 0;
  TIM_TimeBaseStructure.TIM_CounterMode = TIM_CounterMode_Up;      // 向上计数
  TIM_TimeBaseStructure.TIM_RepetitionCounter = 0;
  TIM_TimeBaseInit(TIM1, &TIM_TimeBaseStructure);
  TIM_ITConfig(TIM1, TIM_FLAG_Update,ENABLE);        //使能定时更新中断
  TIM_Cmd(TIM1, ENABLE);                             //使能定时器
  // 中断优先级配置
  NVIC_PriorityGroupConfig(NVIC_PriorityGroup_2);
  NVIC_InitStructure.NVIC_IRQChannel = TIM1_UP_IRQn;
  NVIC_InitStructure.NVIC_IRQChannelPreemptionPriority = 0x01;
  NVIC_InitStructure.NVIC_IRQChannelSubPriority = 0x01;
  NVIC_InitStructure.NVIC_IRQChannelCmd = ENABLE;
  NVIC_Init(&NVIC_InitStructure);
}
```

4. 编写定时器中断服务函数

代码如下：

```
void   TIM1_UP_IRQHandler(void)
```

```
{
    if(TIM_GetITStatus(TIM1, TIM_IT_Update) != RESET)                //更新中断产生
    {
      TIM_ClearITPendingBit(TIM1, TIM_IT_Update);                    //清除中断标志
      Flag5ms = 1;
    }
}
```

5. 编写时钟计时函数

代码如下：

```
void   Timer_Going(void)
{
  static   unsigned   int   cnt = 0;
  if(++cnt == 200)                         //1 秒时间到
  {
    cnt = 0;
    if(++Sec >= 3)                         //秒 + 1(为加快程序运行进程，用 3 秒表示 1 分钟)
    {
      Sec = 0;
      if(++Min >= 60)                      //分 + 1
      {
        Min = 0;
        if(++Hour >= 24)   Hour = 0;
      }
    }
  }
}
```

6. 编写主程序

编写主程序，编译下载，查看运行结果。代码如下：

```
int   main(void)
{
  Init_LED_GPIO( );
  Init_Key_GPIO( );
  Init_Exti( );
  Init_Timer( );             //定时器初始化
  while(1)
  {
    if(Flag5ms == 1)
    {
```

```
            Flag5ms = 0;
            Disp_Update( );
            Disp_Scan( );
            Key_Scan( );
            Timer_Going( );        //时钟计时
            if(ExtiDly < 200) ExtiDly += 5;
        }
    }
}
```

 **习题**

(1) TIM_TimeBaseStructure.TIM_Period 和 TIM_ TimeBaseStructure.TIM_Prescaler 为什么都要减 1？这两项和定时时间之间有什么联系？

(2) 为什么将变量 cnt 定义成局部的静态变量？能将其定义成全局变量吗？

(3) 变量 Flag5ms 分别在什么地方赋值、清零？这样做有何作用？

(4) 如果有 10 个数码管需要动态显示，定时器的定时参数应该如何取值？

(5) 添加一个指示灯，利用定时器实现每 2 s 闪烁的功能。

(6) 试用定时器 2 或 3 替换定时器 1，实现定时功能。

(7) 如何修改程序，在数码管上显示分和秒？

(8) 本次实验中遇到了哪些出错提示？请提供截屏图片，并说明是如何分析和处理的。

(9) 试用定时器编程，使 LED1～LED4 实现跑马灯功能。

实验五　多功能电脑时钟呼吸灯实验

一、实验目的

(1) 了解 DAC 的转换原理；

(2) 掌握 STM32 单片机 DAC 的编程配置方法；

(3) 掌握基于 DAC 的呼吸灯控制方法；

(4) 掌握多文件编程方法。

二、实验设备及器件

(1) EDU-STM32 开发板一块，PC 一台；

(2) MDK Keil μVision5 软件开发环境，STM32-ISP 串口下载软件。

三、实验内容

(1) 在实验四的基础上，用 STM32 的 DAC 资源，实现呼吸灯功能，频率为每分钟 30 次。

(2) 新建 Init.c 和 Init.h，存放所有与初始化有关的函数和声明；新建 Fun.c 和 Fun.h，存放所有与功能有关的函数和声明，中断函数和主函数除外。

四、实验分析

1. 呼吸灯

STM32F103VCT6 处理器的 DA 外设可通过 PA4(DAC1 通道)输出，也可通过 PA5(DAC2 通道)输出。如图 2.15 所示，PA5 通道外接 LED1 指示灯到地，指示灯的亮度会随着 DAC 的输出电压大小而变化。呼吸灯是用 LED 模拟人呼吸的过程，吸气可视为输出电压增大，LED 变亮的过程；而呼气可视为输出电压减小，LED 变暗的过程。因此，只需在 PA5 引脚产生一个三角波，就可以实现呼吸灯的功能。

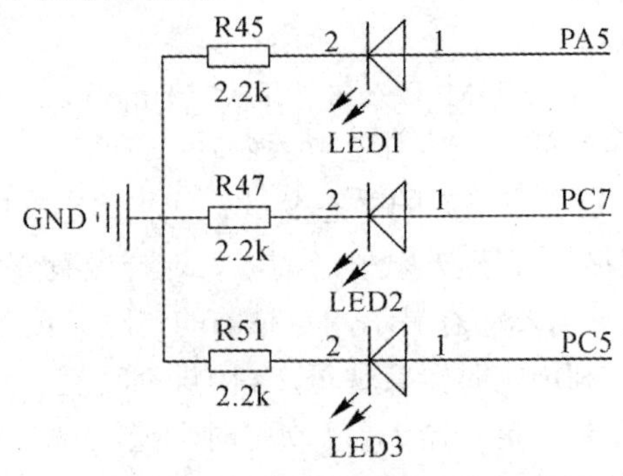

图 2.15　DAC 指示灯

STM32 的 DAC 模块定义了功能强大的工作模式，如图 2.16 所示。其触发方式可设置为触发启动或非触发启动。触发启动包括软件触发、定时器触发、外部中断触发；其输出模式包括三角波输出、噪声输出和用户自定义波形输出。

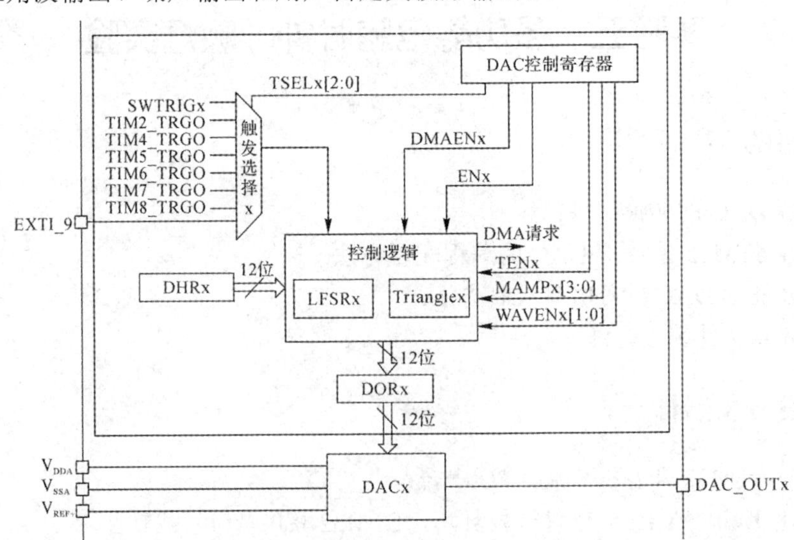

图 2.16　STM32 的 DAC 模块框图

在本实验中，DAC 模块采用 12 位输出，并利用定时器 2 产生触发信号，触发 DAC 模块自动生成三角波。其工作过程如下：当定时器每次产生触发信号后，计数器值加 1，并与基值相加后输出电压，超出 4095 的高位部分会自动溢出。计数器值达到设定的最大幅值后，开始减 1，直至 0，然后周而复始。DAC 生成三角波的示意图如图 2.17 所示。

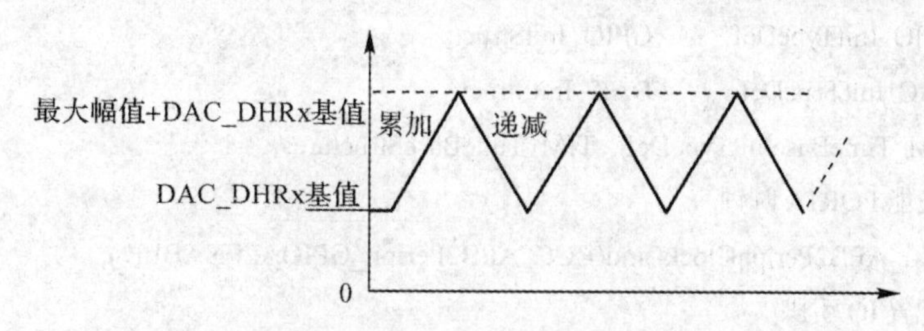

图 2.17　DAC 生成三角波的示意图

假设在图 2.15 中，点亮 LED 的最低电压为 1.9 V，则对应的 DAC_DHRx 基值为 $\frac{1.9}{3.3}\times 4095\approx 2358$。由于基值加最大幅值必须小于 4095，且最大幅值只能取值为 4095、2047、1023 等，因此，当基值为 2358 时，最大幅值的最大值为 1023。如果呼吸频率为每分钟 30 次，则三角波上升时间和下降时间都为 1 s。综上可知，定时器 2 触发的时间间隔为 0.976 ms(1000 ms ÷ 1024)。

2. 模块化的多文件项目

一个比较复杂的项目需要多人合作完成，因此所有代码不能写入一个文件中。即使是一个人完成的项目，基于模块化思想，也要分门别类地将代码写入多个文件。模块化的好处是很多的，不仅仅是便于分工，还有助于程序的调试，有利于程序结构的划分，能增加程序的可读性和可移植性。

在 C 语言中，模块是一个 .c 文件和一个 .h 文件的结合，头文件 .h 用于对模块接口进行声明；而 .c 文件用于具体实现模块的功能。定义和使用一个模块的步骤如下：

(1) 声明。在 .h 文件中声明模块的函数原型和全局变量。

(2) 实现。在 .c 文件中实现函数功能。

(3) 调用。在需要的地方，如 main 主函数中 include 包含该头文件，用 extern 关键字扩展模块中全局变量的作用范围至本文件；调用该模块的函数，使用其设定的功能。

在模块化过程中要注意以下原则：

(1) 各模块的功能相对单一和独立，一个模块完成一件事情，不要负担太多的功能。

(2) 各模块的实现要相对简单，代码不能过长，通常以一屏能查看完为宜。

(3) 各模块之间的关联应降到最低，如有关联，也应通过各模块在 .h 文件中声明的函数和全局变量进行，即常说的高内聚、低耦合。

五、实验步骤

1. 添加工程所需的库函数

在实验四的基础上添加本实验所需库函数 stm32f10x_dac.c(DAC 配置)。

2. 编写 DAC 初始化函数

代码如下：

```
void  Init_DAC(void)
{
    GPIO_InitTypeDef         GPIO_InitStruct;
    DAC_InitTypeDef          DAC_InitStruct;
    TIM_TimeBaseInitTypeDef  TIM_TimeBaseStructure;
    //使能 PORTA 时钟
    RCC_APB2PeriphClockCmd(RCC_APB2Periph_GPIOA, ENABLE );
    //配置 IO 引脚
    GPIO_InitStruct.GPIO_Pin = GPIO_Pin_5;
    GPIO_InitStruct.GPIO_Speed = GPIO_Speed_50MHz;
    GPIO_InitStruct.GPIO_Mode = GPIO_Mode_AIN;     //模拟输入
    GPIO_Init(GPIOA, &GPIO_InitStruct);            //配置 PA5 为模拟输入
    //配置 DAC 通道 2
    RCC_APB1PeriphClockCmd(RCC_APB1Periph_DAC, ENABLE );
    DAC_InitStruct.DAC_Trigger = DAC_Trigger_T2_TRGO;                         //定时器 2 触发
    DAC_InitStruct.DAC_WaveGeneration = DAC_WaveGeneration_Triangle;  //三角波形输出
    DAC_InitStruct.DAC_OutputBuffer = DAC_OutputBuffer_Enable;              //开启输出缓存
    DAC_InitStruct.DAC_LFSRUnmask_TriangleAmplitude = DAC_TriangleAmplitude_1023;
                                                    //计数器最大幅值 1023
    DAC_Init(DAC_Channel_2, &DAC_InitStruct);       //初始化 DAC 通道 2
    DAC_SetChannel2Data(DAC_Align_12b_R, 2358);     //基值
    DAC_Cmd(DAC_Channel_2, ENABLE);                 //使能 DAC 通道 2
    //定时器 2 触发 DAC 产生三角波
    RCC_APB1PeriphClockCmd(RCC_APB1Periph_TIM2, ENABLE);//使能 TIM2 时钟
    TIM_TimeBaseStructure.TIM_Period = 976;   // 0.976 ms 定时时间常数(1000/1024)
    TIM_TimeBaseStructure.TIM_Prescaler = 71;   // 71 + 1，将 72MHz 进行 72 分频，得到 1MHz
    TIM_TimeBaseStructure.TIM_ClockDivision = 0;
    TIM_TimeBaseStructure.TIM_CounterMode = TIM_CounterMode_Up; //向上计数
    TIM_TimeBaseStructure.TIM_RepetitionCounter = 0;
    TIM_TimeBaseInit(TIM2, &TIM_TimeBaseStructure);
    TIM_SelectOutputTrigger(TIM2, TIM_TRGOSource_Update);
    TIM_Cmd(TIM2,ENABLE);
}
```

3. 查看运行结果

编写主程序，编译下载，查看运行结果。代码如下：

```
int  main(void)
{
    Init_LED_GPIO( );
```

```
    Init_Key_GPIO( );
    Init_DAC( );          // DAC 初始化
    Init_Exti( );
    Init_Timer( );
    while(1)
    {
      if(Flag5ms == 1)
      {
        Flag5ms = 0;
        Disp_Update( );
        Disp_Scan( );
        Key_Scan( );
        Timer_Going( );
        if(ExtiDly<200) ExtiDly += 5;
      }
    }
  }
```

4. 新建 Init.c 和 Init.h 文件

新建 Init.c 和 Init.h 文件，存放所有与初始化有关的函数和声明，并检查错误，直到编译正确为止。

将新建的 Init.c 和 Init.h 文件统一存放在工程目录中的 Src 文件夹下。按图 2.18 修改工程和文件内容。最后将 Init.h 所在的目录“.\Src”添加到图 2.19 所示的“Include　Paths”中，多个目录间用分号隔开。

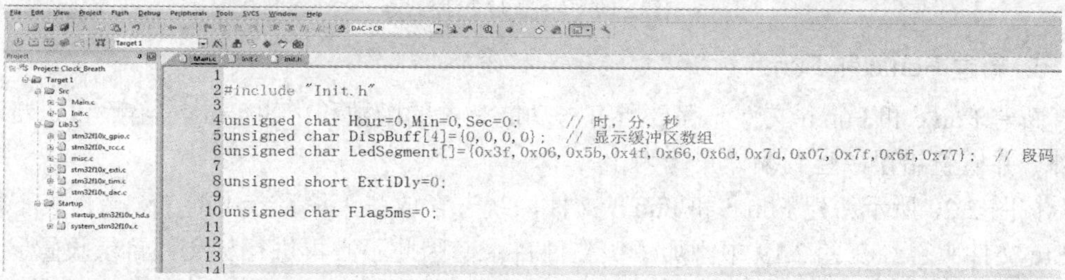

```
File Edit View Project Flash Debug Peripherals Tools SVCS Window Help
DAC->CR
Target 1
Project
Project: Clock_Breath
  Target 1
    Src
      Main.c
      Init.c
    Lib3.5
      stm32f10x_gpio.c
      stm32f10x_rcc.c
      misc.c
      stm32f10x_exti.c
      stm32f10x_tim.c
      stm32f10x_dac.c
    Startup
      startup_stm32f10x_hd.s
      system_stm32f10x.c

Main.c  Init.c  Init.h
1
2#include "Init.h"
3
4unsigned char Hour=0,Min=0,Sec=0;      // 时，分，秒
5unsigned char DispBuff[4]={0,0,0,0};  // 显示缓冲区数组
6unsigned char LedSegment[]={0x3f,0x06,0x5b,0x4f,0x66,0x6d,0x7d,0x07,0x7f,0x6f,0x77};  // 段码
7
8unsigned short ExtiDly=0;
9
10unsigned char Flag5ms=0;
11
12
13
14
```

(a) Main.c 文件示意图

```
File Edit View Project Flash Debug Peripherals Tools SVCS Window Help
DAC->CR
Target 1
Project
Project: Clock_Breath
  Target 1
    Src
      Main.c
      Init.c
    Lib3.5
      stm32f10x_gpio.c
      stm32f10x_rcc.c
      misc.c
      stm32f10x_exti.c
      stm32f10x_tim.c
      stm32f10x_dac.c
    Startup
      startup_stm32f10x_hd.s
      system_stm32f10x.c

Main.c  Init.c  Init.h
1
2#include "Init.h"
3
4void Init_DAC(void)
5{
6  GPIO_InitTypeDef    GPIO_InitStruct;
7  DAC_InitTypeDef     DAC_InitStrcut;
8  TIM_TimeBaseInitTypeDef  TIM_TimeBaseStructure;
9  // 使能PORTA时钟
10 RCC_APB2PeriphClockCmd(RCC_APB2Periph_GPIOA, ENABLE );
11 // 配置IO引脚
12 GPIO_InitStruct.GPIO_Pin = GPIO_Pin_5;
```

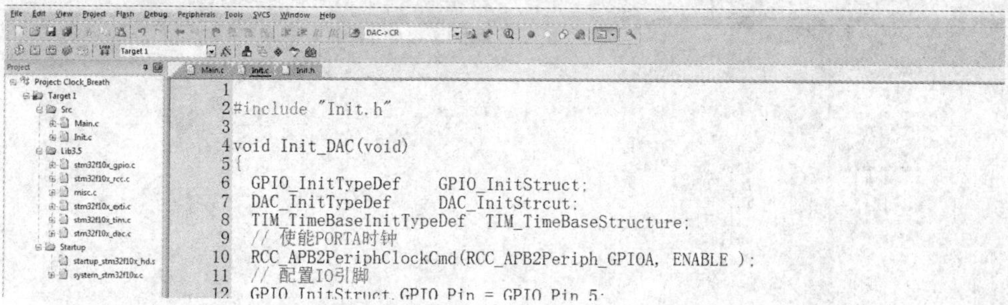

(b) Init.c 文件示意图

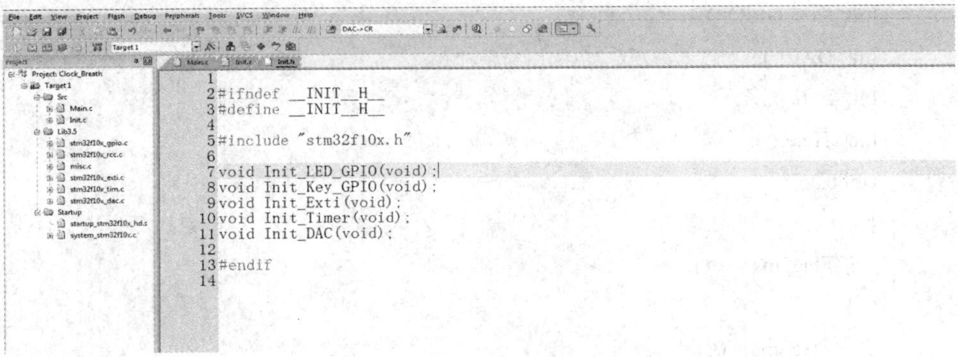

File Edit View Project Flash Debug Peripherals Tools SVCS Window Help

Project: Clock_Breath
Target 1
Src
Main.c
Init.c
Lib3.5
stm32f10x_gpio.c
stm32f10x_rcc.c
misc.c
stm32f10x_exti.c
stm32f10x_tim.c
stm32f10x_dac.c
Startup
startup_stm32f10x_hd.s
system_stm32f10x.c

Main.c　Init.c　Init.h

```
1
2 #ifndef __INIT__H__
3 #define __INIT__H__
4
5 #include "stm32f10x.h"
6
7 void Init_LED_GPIO(void);
8 void Init_Key_GPIO(void);
9 void Init_Exti(void);
10 void Init_Timer(void);
11 void Init_DAC(void);
12
13 #endif
14
```

(c) Init.h 文件示意图

图 2.18　新建的 Init.c 和 Init.h 文件及其调用示意图

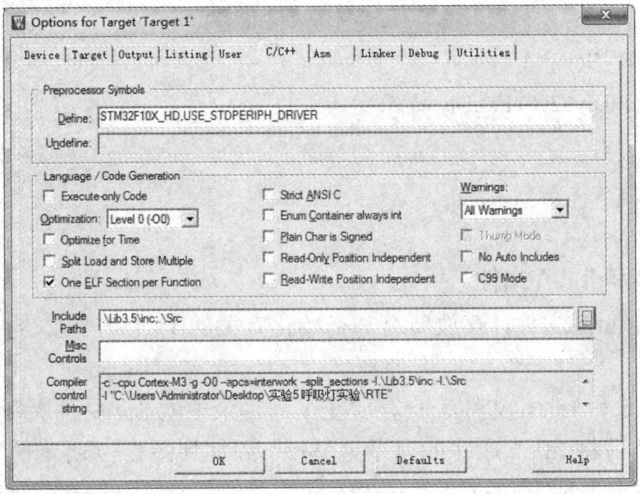

Options for Target 'Target 1'

Device | Target | Output | Listing | User | C/C++ | Asm | Linker | Debug | Utilities

Preprocessor Symbols
Define: STM32F10X_HD,USE_STDPERIPH_DRIVER
Undefine:

Language / Code Generation
Execute-only Code
Optimization: Level 0 (-O0)
Optimize for Time
Split Load and Store Multiple
One ELF Section per Function
Strict ANSI C
Enum Container always int
Plain Char is Signed
Read-Only Position Independent
Read-Write Position Independent
Warnings: All Warnings
Thumb Mode
No Auto Includes
C99 Mode

Include Paths: .\Lib3.5\inc;.\Src
Misc Controls:
Compiler control string: -c --cpu Cortex-M3 -g -O0 --apcs=interwork --split_sections -I.\Lib3.5\inc -I.\Src -I "C:\Users\Administrator\Desktop\实验5 呼吸灯实验\RTE"

OK　Cancel　Defaults　Help

图 2.19　添加头文件目录

5. 新建 Fun.c 和 Fun.h

新建 Fun.c 和 Fun.h 文件，存放所有与功能有关的函数和声明，main 函数和中断函数除外，并检查错误，直到编译正确为止。

按图 2.20 所示新建 Fun.c 和 Fun.h 文件，统一存放在工程目录中的 Src 文件夹下。由于 Src 文件夹已经在图 2.19 中添加了头文件目录，因此不必再进行头文件目录设置。

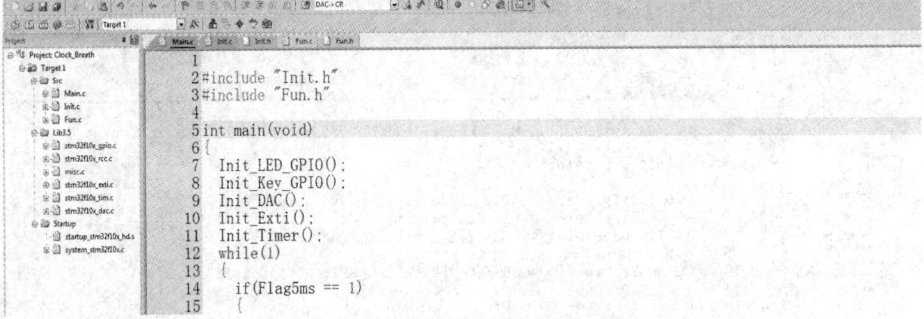

File Edit View Project Flash Debug Peripherals Tools SVCS Window Help

Project: Clock_Breath
Target 1
Src
Main.c
Init.c
Fun.c
Lib3.5
stm32f10x_gpio.c
stm32f10x_rcc.c
misc.c
stm32f10x_exti.c
stm32f10x_tim.c
stm32f10x_dac.c
Startup
startup_stm32f10x_hd.s
system_stm32f10x.c

Main.c　Init.c　Init.h　Fun.c　Fun.h

```
1
2 #include "Init.h"
3 #include "Fun.h"
4
5 int main(void)
6 {
7   Init_LED_GPIO();
8   Init_Key_GPIO();
9   Init_DAC();
10  Init_Exti();
11  Init_Timer();
12  while(1)
13  {
14    if(Flag5ms == 1)
15    {
```

(a) Main.c 文件示意图

```c

#include "Fun.h"

unsigned char Hour=0,Min=0,Sec=0;      // 时，分，秒
unsigned char DispBuff[4]={0,0,0,0};  // 显示缓冲区数组
unsigned char LedSegment[]={0x3f,0x06,0x5b,0x4f,0x66,0x6d,0x7d,0x07,0x7f,0x6f,0x77};  // 段码

unsigned short ExtiDly=0;

unsigned char Flag5ms=0;

// 更新显示缓冲区数组
void Disp_Update(void)
{
```

(b) Fun.c 文件示意图

```c

#ifndef  __FUN__H__
#define  __FUN__H__

#include "stm32f10x.h"

extern unsigned char Hour,Min,Sec;      // 时，分，秒
extern unsigned char DispBuff[4];  // 显示缓冲区数组
extern unsigned char LedSegment[];  // 段码
extern unsigned short ExtiDly;
extern unsigned char Flag5ms;

void Disp_Update(void);
void Delay_ms(unsigned int ms);
void Disp_Scan(void);
void Key_Scan(void);
void Timer_Going(void);

#endif

```

(c) Fun.h 文件示意图

图 2.20　新建的 Fun.c 和 Fun.h 文件及其调用示意图

习题

(1) 计算例程中三角波的峰值电压。

(2) 能否将定时器 1 配置为 DAC 的触发源信号？为什么？

(3) 若 DAC_InitStruct.DAC_Trigge = DAC_Trigger_None， DAC_InitStruct.DAC_Wave Generation = DAC_WaveGeneration_None，修改程序实现同样的呼吸灯功能。

(4) 在 Init.h 头文件中，下列语句是否必需？去掉对功能有何影响？

```c
#ifndef __INIT__H__
#define __INIT__H__


#endif
```

(5) 关键字 extern 有何作用？如果不使用会有什么问题？可截图配合文字进行说明。

(6) 函数声明与实现时有哪些语法规则？从函数返回值、参数以及声明与实现语句后面是否有分号几个方面说明。

(7) 本次实验中 PA5 完成 DAC 功能，为什么将 PA5 配置为模拟输入模式？

(8) 本次实验中遇到了哪些出错提示？请提供截屏图片，并说明是如何分析和处理的。

实验六　多功能电脑时钟温度采集实验

一、实验目的

(1) 了解 ADC 的转换原理；
(2) 掌握 STM32 单片机 ADC 的编程配置方法；
(3) 掌握物理量与 A/D 采集值之间的转换方法。

二、实验设备及器件

(1) EDU-STM32 开发板一块，PC 一台；
(2) MDK Keil μVision5 软件开发环境，STM32-ISP 串口下载软件。

三、实验内容

在实验五的基础上，用 STM32 的 12 位 ADC 模块得到 A/D 采集平均值，将其滤波后转换为电压值，再将电压值转换为温度值，并显示出来。电压与温度之间的关系为：0 V～3.3 V 线性对应 0℃～100℃。

四、实验分析

1. 硬件分析

STM32 的 12 位 ADC 是一种逐次逼近型模/数转换器。它有 18 个通道，可测量 16 个外部和 2 个内部信号源。各通道的 A/D 转换可以单次、连续、扫描或间断模式执行。ADC 的结果可以左对齐或右对齐方式储存在 16 位的寄存器中。ADC 的输入时钟不得超过 14 MHz，它是由 PCLK2 经分频产生的。

开发板配有一种电位器硬件资源，电路如图 2.20 所示。电位器接入 PC4 端口，调节电压范围为 0 V～3.3 V。旋转电位器时，PC4(AIN10 通道)可输入不同的电压值。

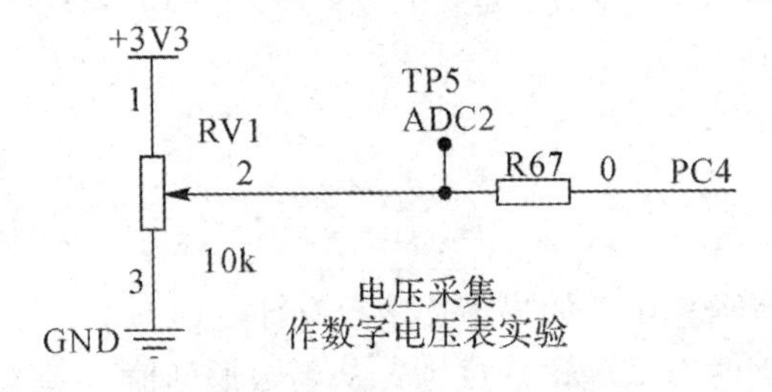

图 2.21　A/D 转换电位器电路图

要正确使用 STM32 的 ADC，需要对相应的 GPIO 引脚、系统时钟、ADC 控制寄存器等进行一系列的设置。如果使用了定时器触发、外部中断触发和 DMA 功能，还需要对这些外设进行配置。STM32 的 ADC 支持连续转换与 DMA 传输的工作方式，在完成初始化代码后即可实现自动连续转换功能，在主程序中不再需要做与 A/D 转换有关的工作了，只需要直接读取转换结果，这极大地方便了用户的数据采集工作，使用户可以将精力放在如何使用和变换这些数控上。

本实验使用单次转换、非触发非 DMA 模式进行 A/D 采集，这是一种手动的转换模式。

2. 程序分析

主程序流程图如图 2.22 所示。

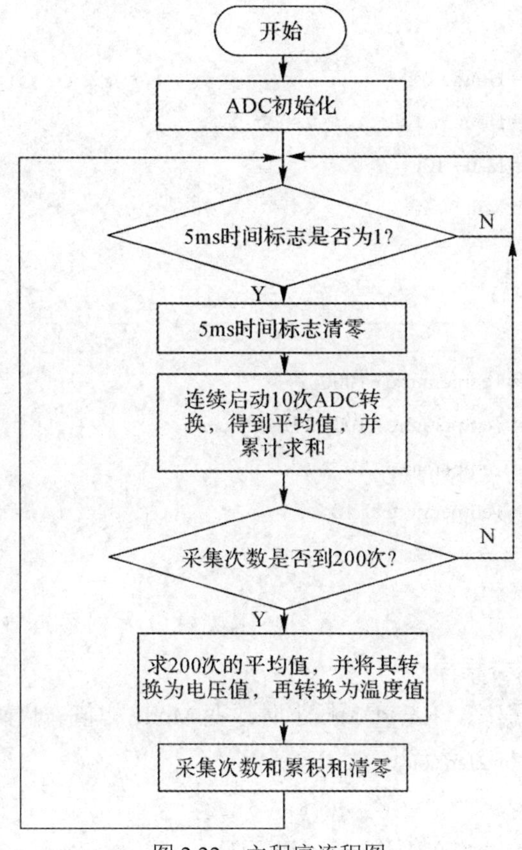

图 2.22　主程序流程图

五、实验步骤

1. 添加工程所需的库函数

在实验五的基础上添加本实验所需库函数 stm32f10x_adc.c(ADC 配置)。

2. 定义全局变量

Fun.c 中全局变量定义如下：

```
unsigned char   Mode = 0;                  // Mode = 0 显示时钟，Mode = 1 显示温度
unsigned int    Temperature = 0;           //温度(0℃～100℃)
```

Fun.h 中声明如下：

```
extern   unsigned   char   Mode;
```

```
extern   unsigned   int   Temperature;
```

3. 修改 Update 刷新显示函数

修改 Update 刷新显示函数，当 Mode = 0 时显示时钟，Mode = 1 时显示温度。代码如下：

```
void Disp_Update(void)
{
  if(Mode == 0)
  {
    DispBuff[0] = Hour / 10;
    DispBuff[1] = Hour % 10;
    DispBuff[2] = Min / 10;
    DispBuff[3] = Min % 10;
  }
  else if(Mode == 1)
  {
    DispBuff[0] = Temperature / 1000;
    DispBuff[1] = Temperature / 100 % 10;
    DispBuff[2] = Temperature / 10 % 10;
    DispBuff[3] = Temperature % 10;
  }
}
```

4. 修改外部中断服务程序

修改外部中断服务程序，K4(PD3)按下时改变 Mode 的值。代码如下：

```
void EXTI3_IRQHandler(void)
{
  if(EXTI_GetITStatus(EXTI_Line3) != RESET)
  {
    EXTI_ClearITPendingBit(EXTI_Line3);
    if(ExtiDly >= 200)
    {
      ExtiDly = 0;
      if(Mode == 0)  Mode = 1;
      else           Mode = 0;
    }
  }
}
```

5. 修改数码管动态扫描函数 Disp_Scan

修改数码管动态扫描函数 Disp_Scan，去掉显示温度时的小数点。代码如下：

```
void Disp_Scan(void)
{
  static   unsigned   char bit = 0;
  unsigned   char   dat;
  //关断所有位码
  GPIO_SetBits(GPIOB,GPIO_Pin_13 | GPIO_Pin_12 | GPIO_Pin_11 | GPIO_Pin_10);
  //输出段码
  dat = LedSegment[DispBuff[bit]];
  if(bit == 1 && Mode == 0)   dat |= 0x80;
  //输出位选
  GPIO_Write(GPIOE, dat);
  switch(bit)
  {
    case 0: GPIO_ResetBits(GPIOB, GPIO_Pin_10);
      break;
    case 1: GPIO_ResetBits(GPIOB, GPIO_Pin_11);
      break;
    case 2: GPIO_ResetBits(GPIOB, GPIO_Pin_12);
      break;
    case 3: GPIO_ResetBits(GPIOB, GPIO_Pin_13);
      break;
  }
  if(++bit>=4)   bit = 0;   //状态量循环
}
```

6. 编写 ADC 初始化函数

编写 ADC 初始化函数(函数实体放在 Init.c 文件中，声明放在 Init.h 文件中，调用放在 Main.c 文件中)。代码如下：

```
void Init_ADC(void)
{
  GPIO_InitTypeDef   GPIO_InitStruct;
  ADC_InitTypeDef    ADC_InitStruct;
  //配置 I/O 引脚
  RCC_APB2PeriphClockCmd(RCC_APB2Periph_GPIOC RCC_APB2Periph_AFIO,
  ENABLE );                      //使能 PORTC 时钟
  GPIO_InitStruct.GPIO_Pin = GPIO_Pin_4;
  GPIO_InitStruct.GPIO_Speed = GPIO_Speed_50MHz;
```

```
    GPIO_InitStruct.GPIO_Mode = GPIO_Mode_AIN;          //模拟输入模式
    GPIO_Init(GPIOC, &GPIO_InitStruct);
    //配置 ADC1
    RCC_APB2PeriphClockCmd(RCC_APB2Periph_ADC1, ENABLE); //使能 ADC1 时钟
    RCC_ADCCLKConfig(RCC_PCLK2_Div8);              // ADC 输入时钟，8 分频，得到 9 MHz
    ADC_InitStruct.ADC_Mode = ADC_Mode_Independent;     //独立模式
    ADC_InitStruct.ADC_ScanConvMode = DISABLE;          //不使用扫描模式
    ADC_InitStruct.ADC_ContinuousConvMode = DISABLE;   //不使用连续转换模式
    ADC_InitStruct.ADC_ExternalTrigConv = ADC_ExternalTrigConv_None;
    ADC_InitStruct.ADC_DataAlign = ADC_DataAlign_Right; //右对齐数据方式
    ADC_InitStruct.ADC_NbrOfChannel = 1;                //规则通道个数
    ADC_Init(ADC1, &ADC_InitStruct);                    //写入 ADC1 配置寄存器
    ADC_RegularChannelConfig(ADC1, ADC_Channel_14, 1, ADC_SampleTime_55Cycles5);
                                                        //设置规则通道转换顺序
    ADC_Cmd(ADC1, ENABLE);                              //使能 ADC1
}
```

7. **编写温度采集函数**

根据图 2.22 所示的主程序流程图编写温度采集函数(函数实体放在 Fun.c 文件中，声明放在 Fun.h 文件中，调用放在 Main.c 文件中)。代码如下：

```
void GetTemperature(void)
{
    static unsigned int cnt = 0, sum = 0;
    unsigned int i, ad = 0;
    //连续启动 10 次 A/D 采集
    for(i = 0; i < 10; i++)
    {
        ADC_SoftwareStartConvCmd(ADC1, ENABLE);
        while(ADC_GetFlagStatus(ADC1,ADC_FLAG_EOC) != 1);
        ad = ad + ADC_GetConversionValue(ADC1);
    }
    ad = ad / 10;
    sum= sum + ad;                          //累积求和
    if(++cnt >= 200)
    {
        ad = sum / 200;
        ad = ad * 3300 / 4095;              //转换成电压信号
        Temperature = ad * 100 / 3300;      //电压信号转换为温度信号
        cnt = 0;
```

```
        sum = 0;
      }
    }
```

8. 编写主程序

代码如下：

```
int main(void)
{
  Init_LED_GPIO( );
  Init_Key_GPIO( );
  Init_DAC( );
  Init_ADC( );                                   // ADC 初始化
  Init_Exti( );
  Init_Timer( );
  while(1)
  {
    if(Flag5ms == 1)
    {
      Flag5ms = 0;
      Disp_Update( );
      Disp_Scan( );
      Key_Scan( );
      Timer_Going( );
      GetTemperature( );                         //采集温度
      if(ExtiDly < 200)   ExtiDly += 5;
    }
  }
}
```

习题

(1) 修改程序，将温度信号精确到小数点后 1 位。

(2) Mode 变量的作用在程序中的什么地方体现？是如何体现的？

(3) 增加一个模式，显示采集到的 A/D 代码值。

(4) 查阅资料，试编程采集 STM32 芯片片内温度，并显示至数码管上。在做温度采集实验时，可用手摸芯片，以感受温度的变化。

(5) 本次实验中遇到了哪些出错提示？请提供截屏图片，并说明是如何分析和处理的。

实验七　多功能电脑时钟串口通信实验

一、实验目的

(1) 了解串口通信原理；
(2) 掌握 STM32 串口配置的编程方法；
(3) 掌握串口发送与接收数据的方法。

二、实验设备及器件

(1) EDU-STM32 开发板一块，PC 一台；
(2) MDK Keil μVision5 软件开发环境，STM32-ISP 串口下载软件。

三、实验内容

在实验六的基础上，将采集到的温度值以字符方式发送给上位机；上位机可通过串口修改时间。十六进制发送命令格式为：ff fe 小时 分钟。

四、实验分析

1. 硬件分析

嵌入式系统与计算机的通信大都采用比较简单的串行通信方式，但是当前计算机已经统一采用 USB 接口连接周边设备，因此往往采用 USB 转串口芯片连接二者。有些地方是把这种芯片做在线缆上，形成专门的 USB 转串口电缆来连接计算机与嵌入式系统；另外一些地方将 USB 转串口芯片集成在嵌入式系统中，这样连接计算机时只需要一根普通的 USB 电缆即可。本开发板采用的是后一种方式。

串口通信电路如图 2.23 所示。其中：PL2303 为 USB 转串口芯片，用于实现串口通信功能；UART D+ 与 UART D− 来自 CN3 USB 接口的 2、3 引脚，用于与 PC 端进行数据通信；PA9、PA10 为 STM32 芯片的串口。这种单芯片协议转换芯片使得用户不必解析复杂的 USB 协议，就可以快速地部署 USB 应用。

提示：串口通信常用 9600 波特率。在通信过程中，双向通信配置必须保持一致，如同时设置 9600 波特率，或同时设置 19 200 波特率。

在串口助手软件中打开串口时，不能使用 J-Link 仿真程序，不能进行 FlyMcu 软件 ISP 自动下载。因此，需先在串口助手软件中“关闭串口”才能进行仿真或下载。

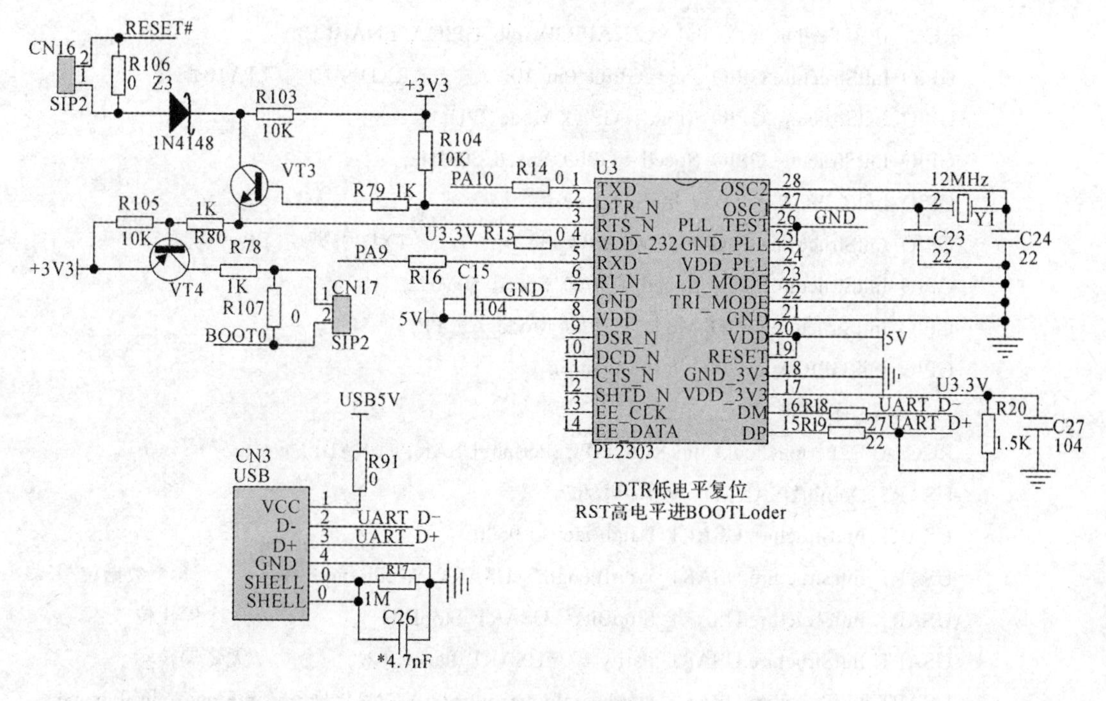

图 2.23　串口通信电路

2. 软件分析

由于通信的特点，什么时候有数据到达是不可预知的，因此一般采用中断方式接收数据；而数据的发送是用户主动发起的，因此一般采用查询方式发送数据。

数据的发送和接收都是在通信状态位的控制下通过访问通信数据寄存器实现的。接收与发送使用了相同的数据缓冲区，但接收与发送分别对应读和写操作，数据的传送方向不同，不会引起数据的混淆。

五、实验步骤

1. 添加工程所需的库函数

在实验六的基础上添加本实验所需库函数 stm32f10x_usart.c(串口通信配置)。

2. 编写串口初始化函数

编写串口初始化函数(函数实体放在 Init.c 文件中，声明放在 Init.h 文件中)代码如下：

```
void Init_UART(void)
{
    USART_InitTypeDef       USART_InitStructure;
    GPIO_InitTypeDef    GPIO_InitStructure;
    NVIC_InitTypeDef    NVIC_InitStructure;
    //使能 GPIOA 时钟
```

```
    RCC_APB2PeriphClockCmd(RCC_APB2Periph_GPIOA, ENABLE);
    GPIO_InitStructure.GPIO_Pin = GPIO_Pin_10;          // RXD 引脚端口 PA10 配置
    GPIO_InitStructure.GPIO_Mode = GPIO_Mode_IPU;
    GPIO_InitStructure.GPIO_Speed = GPIO_Speed_50MHz;
    GPIO_Init(GPIOA, &GPIO_InitStructure);
    GPIO_InitStructure.GPIO_Pin   = GPIO_Pin_9;         // TXD 引脚端口 PA9 配置
    GPIO_InitStructure.GPIO_Speed = GPIO_Speed_50MHz;
    GPIO_InitStructure.GPIO_Mode = GPIO_Mode_AF_PP;
    GPIO_Init(GPIOA, &GPIO_InitStructure);
    //使能 USART1 时钟
    RCC_APB2PeriphClockCmd(RCC_APB2Periph_USART1,ENABLE);
    USART_DeInit(USART1);  //串口复位
    USART_InitStructure.USART_BaudRate   = 9600;
    USART_InitStructure.USART_WordLength = USART_WordLength_8b;       // 8 个数据位
    USART_InitStructure.USART_StopBits = USART_StopBits_1;            // 1 个停止位
    USART_InitStructure.USART_Parity     = USART_Parity_No ;          //无奇偶校验
    USART_InitStructure.USART_HardwareFlowControl = USART_HardwareFlowControl_None;
                                                                      //无硬件流控制
    USART_InitStructure.USART_Mode   = USART_Mode_Rx|USART_Mode_Tx;
    USART_Init(USART1, &USART_InitStructure);                         //串口初始化
    USART_ITConfig(USART1, USART_IT_RXNE, ENABLE);                    //使能串口接收中断
    USART_Cmd(USART1, ENABLE);                                        //使能串口
    USART_ClearFlag(USART1, USART_FLAG_TXE);                          //清除发送标志
    //中断优先级配置
    NVIC_PriorityGroupConfig(NVIC_PriorityGroup_2);
    NVIC_InitStructure.NVIC_IRQChannel = USART1_IRQn;
    NVIC_InitStructure.NVIC_IRQChannelPreemptionPriority = 0x0;
    NVIC_InitStructure.NVIC_IRQChannelSubPriority = 0x0;
    NVIC_InitStructure.NVIC_IRQChannelCmd = ENABLE;
    NVIC_Init(&NVIC_InitStructure);
}
```

3. 编写串口发送程序

编写串口发送程序(函数实体放在 Fun.c 文件中，声明放在 Fun.h 文件中)。代码如下：

```
//发送一个字节
void SendOneByte(unsigned char dat)
{
    USART_SendData(USART1, dat);
    while(USART_GetFlagStatus(USART1, USART_FLAG_TXE) == RESET);
```

```
    USART_ClearFlag(USART1, USART_FLAG_TXE);
}
//将温度值发送给上位机
void SendDataToPC(void)
{
    static   unsigned   int cnt = 0;
    if(++cnt >= 200)
    {
        cnt = 0;
        SendOneByte(0x30 + Temperature / 100);
        SendOneByte(0x30 + Temperature / 10 % 10);
        SendOneByte(0x30 + Temperature % 10);
        SendOneByte('\n');
        SendOneByte('\r');
    }
}
```

4. 编写串口接收中断程序

编写串口接收中断程序(函数实体放在 Main.c 文件中)。代码如下：

```
void USART1_IRQHandler(void)
{
    static   unsigned   char   olddat = 0, flag = 0, cnt = 0;
    unsigned   char   dat;
    if(USART_GetITStatus(USART1, USART_IT_RXNE) != RESET)
    {
        USART_ClearFlag(USART1, USART_IT_RXNE);
        dat = USART_ReceiveData(USART1);
        if(flag == 0)
        {
            if(olddat == 0xff && dat == 0xfe)
            {
                flag = 1;
                cnt = 0;
            }
        }
        else
        {
```

```
            if(cnt == 0)
                Hour = dat;
            else    if(cnt == 1)
                Min = dat;
            if(++cnt>=2)
                flag = 0;
        }
        olddat = dat;
    }
}
```

5. 编写主程序

编写主程序，并编译下载，检查运行结果。代码如下：

```
int main(void)
{
  Init_LED_GPIO( );
  Init_Key_GPIO( );
  Init_DAC( );
  Init_ADC( );
  Init_UART( );               //串口初始化
  Init_Exti( );
  Init_Timer( );
  while(1)
  {
    if(Flag5ms == 1)
    {
      Flag5ms = 0;
      Disp_Update( );
      Disp_Scan( );
      Key_Scan( );
      Timer_Going( );
      GetTemperature( );
      SendDataToPC( );     //发送数据到上位机
      if(ExtiDly < 200) ExtiDly += 5;
    }
  }
}
```

6. 设置参数

打开串口助手，有关参数设置如图 2.24 所示。

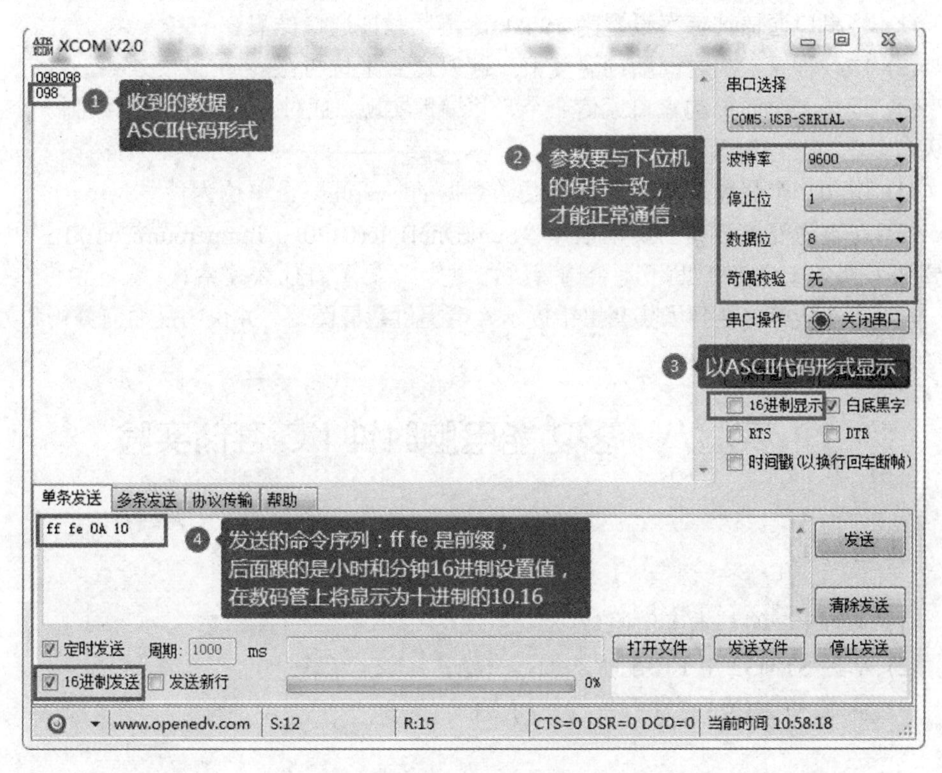

图 2.24　串口助手操作界面

操作时注意图 2.24 中的指示，“串口选择”中的串口与下载程序的串口是同一个，串口参数要与前面的实验程序保持一致，即波特率设置为“9600”，停止位设置为“1”，数据位设置为“8”，奇偶校验设置为“无”。设置完成后点击“打开串口”按钮，即可在左上的空白窗格中收到实验板发来的信息。我们可以通过转动实验板上的电位器旋钮来检查串口助手上显示的信息信息与数码管上显示的信息是否一致。

通过串口助手可发送时间设置命令。如图 2.24 所示，根据前面的实验程序，ff fe 是命令前缀，其后跟小时和分钟的设置值。命令可以手动发送，也可以定时发送，这样每隔一段时间，实验板上的时间就会被重新设置，造成时间不向前走的假象。

值得一提的是，接收、发送中分别有“16 进制显示”“16 进制发送”选项，如果勾选该选项，则表示对接收、发送的数据不做任何转换，将其按二进制/十六进制显示、传递，如果不勾选该选项，则表示接收、发送的数据按 ASCII 代码形式显示、传递。图 2.24 展现的是接收时取消“16 进制显示”选项，表示将显示接收到的信号的 ASCII 字符；发送时勾选“16 进制发送”选项，表示将对话框中填入的数原样发送出去。

由于串口使用的独占性，在串口助手中占用串口后，下载工具将不能使用串口下载程序。当需要下载程序时，只需在串口助手中将串口关闭即可，而不用关闭串口助手软件。

 习题

(1) 将串口通信波特率设置为 19 200，再次验证通信结果。

(2) 修改程序，将时间随同温度值一起发送到上位机。

(3) 设计一个简单的串口通信命令，并编程实现：通过串口调试助手控制一个 LED 的亮灭。

(4) 增加一个变量，可设定自动发送数据的时间间隔，单位为秒。

(5) 在发送温度数据的实验程序“SendOneByte(0x30 + Temperature / 100);”中，为什么要加上 0x30？与串口助手是否选择“16 进制”显示有什么关系？

(6) 本次实验中遇到了哪些出错提示？请提供截屏图片，并说明是如何分析和处理的？

实验八　多功能电脑时钟 I^2C 存储实验

一、实验目的

(1) 了解 I^2C 的基本工作原理；

(2) 掌握 STM32 中 I^2C 配置的编程方法；

(3) 掌握 AT24C02 存储芯片的使用方法。

二、实验设备及器件

(1) EDU-STM32 开发板一块，PC 一台；

(2) MDK Keil μVision5 软件开发环境，STM32-ISP 串口下载软件。

三、实验内容

在实验七的基础上，利用 STM32 自带的 I^2C 接口，完成对 AT24C02 的读写操作，并且增加一个模式显示读取到的数据。该数据作为向上位机发送数据的时间间隔，单位为秒。为了观察方便，把每次读取到的数据加 1 后再存入 AT24C02 中。

四、实验分析

1. I^2C 的工作原理

I^2C 总线是 PHILIPS 公司推出的一种串行总线。它有两根双向信号线，一根是数据线 SDA，另一根是时钟线 SCL。两根信号线通过上拉电阻接正电源，当总线空闲时，两根信号线均为高电平。每个连接到 I^2C 总线上的器件都有唯一的地址，当多个主机企图启动总线传输数据时，为了避免混乱，I^2C 总线需要通过总线仲裁，以决定由哪一台主机控制总线。

STM32 系列微处理器至少集成了一个 I^2C 模块，配套开发板中两个 I^2C 外设，可实现 I^2C 总线标准规定的所有功能。

2. 硬件分析

开发板使用 AT24C02 作为 I^2C 存储芯片，电路如图 2.25 所示。SCL 接 STM32 的 PB6，SDA 接 STM32 的 PB7，使用的是 I2C1 外设。A0、A1 和 A2 为地址输入，都接地。

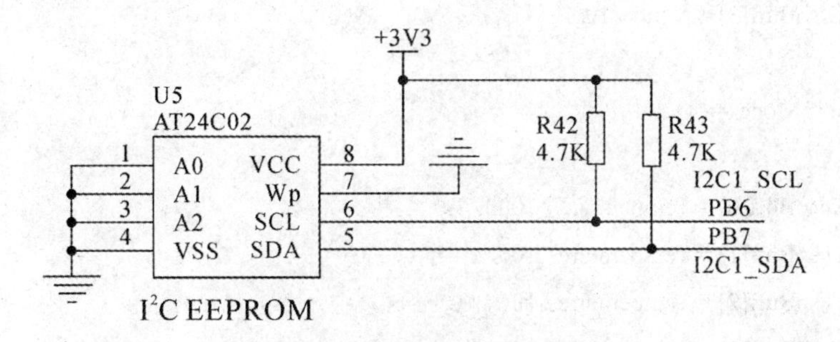

图 2.25　I^2C 存储器电路图

AT24C02 作为从器件有 7 位地址码，最后一位是读/写(R/$\overline{W}$)操作位。如图 2.26 所示，AT24C02 地址的前四位固定为 1010，之后三位由引脚 A2～A0 确定，最后的读/写(R/$\overline{W}$)位为 1 是读操作，为 0 是写操作。由此可知，图 2.25 中 AT24C02 的写地址为 0xA0，读地址为 0xA1。每片 AT24C02 的容量是 256 字节(2K 位)，共分为 32 页，每页 8 字节(高 5 位是页地址，低 3 位是字节地址)。

AT24C02	1	0	1	0	A2	A1	A0	R/$\overline{W}$

图 2.26　AT24C02 从器件地址码

3. 软件分析

I^2C EEPROM AT24C02 驱动程序相对比较复杂，详见参考例程。使用时只需调用驱动函数，完成实验所要求的功能。

五、实验步骤

1. 添加工程所需的库函数

在实验七的基础上添加本实验所需库函数 stm32f10x_i2c.c(I^2C 配置)。

2. 定义全局变量

定义全局变量(定义在 Fun.c 文件中，声明在 Fun.h 文件中)。代码如下：

```
unsigned    char    SendTime = 1;        //发数据给上位机的时间间隔
```

3. 修改 Disp_Update 函数

修改 Disp_Update 函数，增加一个模式显示 SendTime 的内容。代码如下：

```
void Disp_Update(void)
```

```
{
  if(Mode == 0)
  {
    DispBuff[0] = Hour / 10;
    DispBuff[1] = Hour % 10;
    DispBuff[2] = Min / 10;
    DispBuff[3] = Min % 10;
  }
  else if(Mode == 1)
  {
    DispBuff[0] = Temperature / 1000;
    DispBuff[1] = Temperature / 100 % 10;
    DispBuff[2] = Temperature / 10 % 10;
    DispBuff[3] = Temperature % 10;
  }
  else if(Mode == 2)
  {
    DispBuff[0] = 0;
    DispBuff[1] = SendTime / 100;
    DispBuff[2] = SendTime / 10 % 10;
    DispBuff[3] = SendTime % 10;
  }
}
```

4. 修改外部中断函数 EXTI3_IRQHandler

修改外部中断函数 EXTI3_IRQHandler，将 Mode 的变化范围改为 0～2。编译下载，并查看运行结果。代码如下：

```
void EXTI3_IRQHandler(void)
{
  if(EXTI_GetITStatus(EXTI_Line3) != RESET)
  {
    EXTI_ClearITPendingBit(EXTI_Line3);
    if(ExtiDly >= 200)
    {
      ExtiDly = 0;
      if(++Mode > 2)    Mode = 0;
    }
  }
}
```

5. 新建 I2C_EEPROM.c 和 I2C_EEPROM.h 文件

新建 I2C_EEPROM.c 和 I2C_EEPROM.h 文件，并将 I2C_EEPROM.c 添加到工程，代码见参考例程。

6. 编写 EEPROM 读写函数

编写 EEPROM 读写函数(函数实体放在 Fun.c 文件中，声明放在 Fun.h 文件中)。代码如下：

```
#include   "I2C_EEPROM.h"
//测试 EEPROM
void Test_EEPROM(void)
{
  unsigned   char   tmp;
  //从第 0 页中的地址 3 读取一个数据
  I2C_EE_ReadBuffer(&SendTime, 3, 1);
  tmp = SendTime + 1;          //将读取到的数据加 1 后保存
  I2C_EE_WriteByte(&tmp, 3);
}
```

7. 检查运行结果

修改主程序，编译下载，并检查运行结果。代码如下：

```
#include   "I2C_EEPROM.h"
int main(void)
{
  Init_LED_GPIO( );
  Init_Key_GPIO( );
  Init_DAC( );
  Init_ADC( );
  Init_UART( );
  I2C_EE_Init( );              //I2C 初始化
  Test_EEPROM( );              //测试 EEPROM
  Init_Exti( );
  Init_Timer( );
  while(1)
  {
    if(Flag5ms == 1)
    {
      Flag5ms = 0;
      Disp_Update( );
      Disp_Scan( );
```

```
            Key_Scan( );
            Timer_Going( );
            GetTemperature( );
            SendDataToPC( );
            if(ExtiDly < 200) ExtiDly += 5;
        }
    }
}
```

六、参考例程

I2C_EEPROM.h 文件：

```
#ifndef   __I2C__EEPROM__H__
#define   __I2C__EEPROM__H__
#include   "stm32f10x.h"
//硬件与 I/O 口定义
#define   sEE_I2C                      I2C1          //使用 I2C1
#define   sEE_I2C_CLK                  RCC_APB1Periph_I2C1
#define   sEE_I2C_SCL_GPIO_PORT        GPIOB
#define   sEE_I2C_SCL_PIN              GPIO_Pin_6  //SCL-GPIOB6
#define   sEE_I2C_SCL_GPIO_CLK         RCC_APB2Periph_GPIOB
#define   sEE_I2C_SDA_GPIO_PORT        GPIOB
#define   sEE_I2C_SDA_PIN              GPIO_Pin_7  //SDA-GPIOB7
#define   sEE_I2C_SDA_GPIO_CLK         RCC_APB2Periph_GPIOB
//器件地址(1|0|1|0|A2|A1|A0|R/W)
#define   EEPROM_ADDRESS               0xA0
#define   I2C_SLAVE_ADDRESS7           0xA0
#define   I2C_SPEED                    200000
#define   I2C_PageSize                 8
void   I2C_EE_Init(void);          // I2C 初始化
void   I2C_EE_WriteByte(u8*   pBuffer, u8   WriteAddr);                 //写单字节
void   I2C_EE_WritePage(u8*   pBuffer, u8   WriteAddr, u8   NumByteToWrite);
                                                                    //写多字节到同一页
void   I2C_EE_WriteBuffer(u8*   pBuffer, u8   WriteAddr, u16   NumByteToWrite);
                                                                    //写多字节到不同页
void   I2C_EE_ReadBuffer(u8*   pBuffer, u8   ReadAddr, u16   NumByteToRead);
                                                                    //读取多字节数据
void   I2C_EE_WaitEEPROM(void);   //等待 EEPROM 的状态
```

```
#endif
```

I2C_EEPROM.c 文件：

```
#include  "I2C_EEPROM.h"
unsigned  short  E2PROM_Address;
// I2C 读取 EEPROM 初始化
void  I2C_EE_Init(void)
{
  GPIO_InitTypeDef  GPIO_InitStructure;
  I2C_InitTypeDef  I2C_InitStructure;
  // I2C 和 GPIO 时钟使能
  RCC_APB1PeriphClockCmd(sEE_I2C_CLK, ENABLE);
  RCC_APB2PeriphClockCmd(sEE_I2C_SCL_GPIO_CLK | sEE_I2C_SDA_GPIO_CLK, ENABLE);
  // GPIO 初始化
  GPIO_InitStructure.GPIO_Pin = sEE_I2C_SCL_PIN;
  GPIO_InitStructure.GPIO_Speed = GPIO_Speed_50MHz;
  GPIO_InitStructure.GPIO_Mode = GPIO_Mode_AF_OD;
  GPIO_Init(sEE_I2C_SCL_GPIO_PORT, &GPIO_InitStructure);
  GPIO_InitStructure.GPIO_Pin = sEE_I2C_SDA_PIN;
  GPIO_Init(sEE_I2C_SDA_GPIO_PORT, &GPIO_InitStructure);
  // I2C 初始化
  I2C_InitStructure.I2C_Mode = I2C_Mode_I2C;
  I2C_InitStructure.I2C_DutyCycle = I2C_DutyCycle_2;
  I2C_InitStructure.I2C_OwnAddress1= I2C_SLAVE_ADDRESS7;
  I2C_InitStructure.I2C_Ack = I2C_Ack_Enable;
  I2C_InitStructure.I2C_AcknowledgedAddress = I2C_AcknowledgedAddress_7bit;
  I2C_InitStructure.I2C_ClockSpeed = I2C_SPEED;
  I2C_Cmd(sEE_I2C, ENABLE);              // I2C 使能
  I2C_Init(sEE_I2C, &I2C_InitStructure);
  E2PROM_Address = EEPROM_ADDRESS;
}
//写单字节到指定的地址
void  I2C_EE_WriteByte(u8*  pBuffer, u8  WriteAddr)
{
  I2C_GenerateSTART(I2C1, ENABLE);          //产生启动信号
  while(!I2C_CheckEvent(I2C1, I2C_EVENT_MASTER_MODE_SELECT));
  //使能从设备
  I2C_Send7bitAddress(I2C1, EEPROM_ADDRESS, I2C_Direction_Transmitter);
  while(!I2C_CheckEvent(I2C1, I2C_EVENT_MASTER_TRANSMITTER_MODE_SELECTED));
```

```
    I2C_SendData(I2C1, WriteAddr);                //传输地址
    while(!I2C_CheckEvent(I2C1, I2C_EVENT_MASTER_BYTE_TRANSMITTED));
    I2C_SendData(I2C1, *pBuffer);                 //传输数据
    while(!I2C_CheckEvent(I2C1, I2C_EVENT_MASTER_BYTE_TRANSMITTED));
    I2C_GenerateSTOP(I2C1, ENABLE);
}
//写多个字节的数据到EEPROM的同一页中
void  I2C_EE_WritePage(u8*  pBuffer, u8  WriteAddr, u8  NumByteToWrite)
{
    I2C_GenerateSTART(I2C1, ENABLE);              //产生启动信号
    while(!I2C_CheckEvent(I2C1, I2C_EVENT_MASTER_MODE_SELECT));
    //使能从设备
    I2C_Send7bitAddress(I2C1, EEPROM_ADDRESS, I2C_Direction_Transmitter);
    while(!I2C_CheckEvent(I2C1, I2C_EVENT_MASTER_TRANSMITTER_MODE_SELECTED));
    I2C_SendData(I2C1, WriteAddr);                //传输地址
    while(!I2C_CheckEvent(I2C1, I2C_EVENT_MASTER_BYTE_TRANSMITTED));
    while(NumByteToWrite--)
    {
      I2C_SendData(I2C1, *pBuffer);               //传输数据
      pBuffer++;
      while (!I2C_CheckEvent(I2C1, I2C_EVENT_MASTER_BYTE_TRANSMITTED));
    }
    I2C_GenerateSTOP(I2C1, ENABLE);
}
//写入多个数据到EEPROM
void  I2C_EE_WriteBuffer(u8*  pBuffer, u8  WriteAddr, u16  NumByteToWrite)
{
    u8 NumOfPage = 0, NumOfSingle = 0, Addr = 0, count = 0;
    Addr = WriteAddr % I2C_PageSize;
    count= I2C_PageSize - Addr;
    NumOfPage = NumByteToWrite / I2C_PageSize;
    NumOfSingle = NumByteToWrite % I2C_PageSize;
    if(Addr == 0)                  //页对齐
    {
      if(NumOfPage == 0)           //单页
      {
        I2C_EE_WritePage(pBuffer, WriteAddr, NumOfSingle);
        I2C_EE_WaitEEPROM( );
```

```
    }
    else                              //多页
    {
      while(NumOfPage--)
      {
        I2C_EE_WritePage(pBuffer, WriteAddr, I2C_PageSize);
        I2C_EE_WaitEEPROM();
        WriteAddr += I2C_PageSize;
        pBuffer += I2C_PageSize;
      }
      if(NumOfSingle != 0)
      {
        I2C_EE_WritePage(pBuffer, WriteAddr, NumOfSingle);
        I2C_EE_WaitEEPROM( );
      }
    }
  }
  else                              //页不对齐
  {
    if(NumOfPage == 0)              //单页
    {
      I2C_EE_WritePage(pBuffer, WriteAddr, NumOfSingle);
      I2C_EE_WaitEEPROM();
    }
    else                            //多页
    {
      NumByteToWrite -= count;
      NumOfPage = NumByteToWrite / I2C_PageSize;
      NumOfSingle = NumByteToWrite % I2C_PageSize;
      if(count != 0)
      {
        I2C_EE_WritePage(pBuffer, WriteAddr, count);
        I2C_EE_WaitEEPROM( );
        WriteAddr += count;
        pBuffer += count;
      }
      while(NumOfPage--)
      {
```

```
            I2C_EE_WritePage(pBuffer, WriteAddr, I2C_PageSize);
            I2C_EE_WaitEEPROM( );
            WriteAddr += I2C_PageSize;
            pBuffer += I2C_PageSize;
          }
          if(NumOfSingle != 0)
          {
            I2C_EE_WritePage(pBuffer, WriteAddr, NumOfSingle);
            I2C_EE_WaitEEPROM( );
          }
        }
      }
      I2C_GenerateSTOP(I2C1, ENABLE);
    }
    void   I2C_EE_ReadBuffer(u8*   pBuffer, u8   ReadAddr, u16   NumByteToRead)
    {
      I2C_AcknowledgeConfig(I2C1, ENABLE);
      I2C_GenerateSTART(I2C1, ENABLE);          //启动信号
      while(!I2C_CheckEvent(I2C1, I2C_EVENT_MASTER_MODE_SELECT));
      //使能设备为发送模式
      I2C_Send7bitAddress(I2C1, EEPROM_ADDRESS, I2C_Direction_Transmitter);
      while(!I2C_CheckEvent(I2C1, I2C_EVENT_MASTER_TRANSMITTER_MODE_SELECTED));
      I2C_SendData(I2C1, ReadAddr);              //读地址
      while(!I2C_CheckEvent(I2C1, I2C_EVENT_MASTER_BYTE_TRANSMITTED));
      while(!I2C_CheckEvent(I2C1, I2C_EVENT_MASTER_BYTE_TRANSMITTED));
      I2C_GenerateSTART(I2C1, ENABLE);          //启动信号
      while(!I2C_CheckEvent(I2C1, I2C_EVENT_MASTER_MODE_SELECT));
      //使能设备为接收模式
      I2C_Send7bitAddress(I2C1, EEPROM_ADDRESS, I2C_Direction_Receiver);
      while(!I2C_CheckEvent(I2C1, I2C_EVENT_MASTER_RECEIVER_MODE_SELECTED));
      while(!I2C_CheckEvent(I2C1, I2C_EVENT_MASTER_BYTE_RECEIVED));

      while(NumByteToRead)
      {
        if(NumByteToRead == 1)                   //最后一个数据
        {
          I2C_AcknowledgeConfig(I2C1, DISABLE);
          I2C_GenerateSTOP(I2C1, ENABLE);
```

```
        }
        if(I2C_CheckEvent(I2C1, I2C_EVENT_MASTER_BYTE_RECEIVED))
        {
            *pBuffer = I2C_ReceiveData(I2C1);
            pBuffer++;
            NumByteToRead--;
        }
    }
    I2C_AcknowledgeConfig(I2C1, ENABLE);
}
// 等待 EEPROM
void  I2C_EE_WaitEEPROM(void)
{
    vu16 SR1_Tmp = 0;
    do
    {
        I2C_GenerateSTART(I2C1, ENABLE);          //启动信号
        SR1_Tmp = I2C_ReadRegister(I2C1, I2C_Register_SR1);
        I2C_Send7bitAddress(I2C1, EEPROM_ADDRESS, I2C_Direction_Transmitter);
    }while(!(I2C_ReadRegister(I2C1, I2C_Register_SR1) & 0x0002));
    I2C_ClearFlag(I2C1, I2C_FLAG_AF);
}
```

习题

(1) 仔细阅读 I2C_EE_ReadBuffer( )函数，解释从 AT24C02 中读取数据的流程。
(2) 仔细阅读 I2C_EE_Init( )函数，解释其与之前所学的初始化函数的区别。
(3) 如何修改程序，可将 SendTime 变量中的数据存储到第 6 页地址 4 中？
(4) 修改程序，实现用按键修改 SendTime 变量的值并存储的功能。
(5) 修改程序，增加一个闹钟功能，当实际时间与闹钟设定时间相同时，蜂鸣器鸣叫。
(6) 在(5)题的基础上修改程序，将设定的闹钟时间存储在 AT24C02 中。

实验九　多功能电脑时钟液晶显示实验

一、实验目的

(1) 了解 LCD1602 的硬件电路；

(2) 掌握 LCD1602 的工作原理及编程方法。

二、实验设备及器件

(1) EDU-STM32 开发板一块，PC 一台；

(2) MDK Keil μVision5 软件开发环境，STM32-ISP 串口下载软件。

三、实验内容

在实验八的基础上，利用 STM32 模拟 LCD1602 时序，完成对 LCD1602 的读写操作。在液晶第一行显示学号，第二行显示时间(12:00:00)。

四、实验分析

LCD1602 电路如图 2.27 所示。RS 接 PA6，RW 接 PA7，EN 接 PA8；D0～D7 数据位接 PE8～PE15 端口。3 脚 VL 为对比度调节，通过改变 R69、R75 的电阻值，可调节 LCD1602 的对比度。

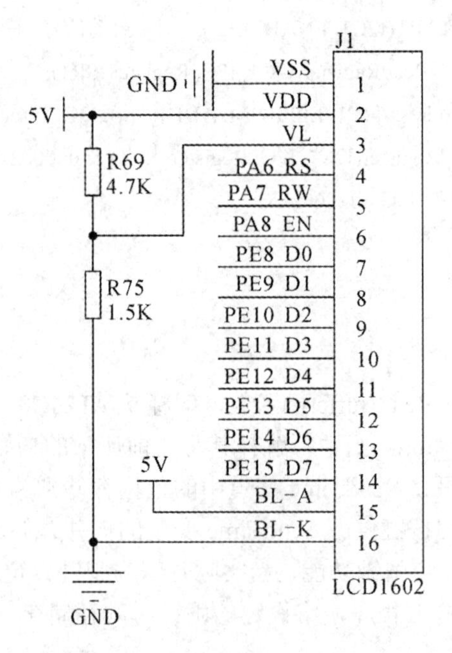

图 2.27　LCD1602 电路

利用 STM32 的 GPIO 口模拟 LCD1602 时序图，即可实现对液晶的读写显示控制。

软件实现分三层完成：最底层由 WriteCommandLCM、WriteDataLCM 等函数构成，模拟时序实现基本的对 LCM 内部命令、数据单元的访问；逻辑意义上的字符显示功能由中间层 DisplayOneChar 函数完成，它调用了底层的 LCM 访问函数，将这些底层函数组合起来，实现了特定的字符显示功能；最高层的 DisplayListChar 函数调用中间层的

DisplayOneChar 函数，可以简便地实现一串字符的显示。

这种三层结构，不仅使程序结构能够被清晰理解与认识，也能灵活应对各种变化，保证最小的修改量和最少的程序漏洞。例如：

(1) 如果是使用的 LCM 模块的读写时序发生变化，则需改写底层函数；

(2) 如果是更换了其他型号的 LCM，则需要改写底层和中间层函数，而最高层的字符串显示函数以及使用它的其他程序可以保持不变，不用改写。

五、实验步骤

(1) 新建 LCD1602.c 和 LCD1602.h 文件，并将 LCD1602.c 文件添加到工程中，代码详见参考例程。

(2) 修改主程序，编译下载，并检查运行结果。代码如下：

```
#include   "LCD1602.h"
int   main(void)
{
  LCD1602_Init( );                    // LCD 初始化
  DisplayListChar(3, 0, "2019123001");
  Init_LED_GPIO( );
  Init_Key_GPIO( );
  Init_DAC( );
  Init_ADC( );
  Init_UART( );
  I2C_EE_Init( );
  Test_EEPROM( );
  Init_Exti( );
  Init_Timer( );
  while(1)
  {
    if(Flag5ms == 1)
    {
      Flag5ms = 0;
      Disp_Update( );
      Disp_Scan( );
      Key_Scan( );
      Timer_Going( );
      GetTemperature( );
      SendDataToPC( );
```

```
        if(ExtiDly < 200)   ExtiDly += 5;
      }
    }
  }
```

(3) 修改 Timer_Going 函数，每秒更新一次时间显示，编译下载，并检查运行结果。代码如下：

```
#include   "LCD1602.h"
void   Timer_Going(void)
{
  static   unsigned   int   cnt = 0;
  char   timestr[] = "12:00:00";
  if(++cnt == 200)              // 1 秒时间到
  {
    cnt = 0;
    if(++Sec >= 3)              //秒+1
    {
      Sec = 0;
      if(++Min >= 60)           //分+1
      {
        Min = 0;
        if(++Hour >= 24)   Hour = 0;
      }
    }
    timestr[0] = Hour / 10 + 0x30;
    timestr[1] = Hour % 10 + 0x30;
    timestr[3] = Min / 10 + 0x30;
    timestr[4] = Min % 10 + 0x30;
    timestr[6] = Sec / 10 + 0x30;
    timestr[7] = Sec % 10 + 0x30;
    DisplayListChar(4, 1, (unsigned   char *)timestr);
  }
}
```

六、 参考例程

LCD1602.h 文件：

```
#ifndef   __LCD1602__H__
  #define   __LCD1602__H__
  #include   "stm32f10x.h"
```

```
    #define  LCM_RW1  GPIO_SetBits(GPIOA, GPIO_Pin_7)
    #define  LCM_RW0  GPIO_ResetBits(GPIOA, GPIO_Pin_7)
    #define  LCM_RS1  GPIO_SetBits(GPIOA, GPIO_Pin_6)
    #define  LCM_RS0  GPIO_ResetBits(GPIOA, GPIO_Pin_6)
    #define  LCM_E1  GPIO_SetBits(GPIOA, GPIO_Pin_8)
    #define  LCM_E0  GPIO_ResetBits(GPIOA, GPIO_Pin_8)
    unsigned  char  ReadStatusLCM(void);
    void  WriteCommandLCM(unsigned char WCLCM, unsigned char BusyC);
    void  WriteDataLCM(unsigned char WDLCM);
    void  LCD1602_Init(void);
    void  DisplayOneChar(unsigned char X, unsigned char Y, unsigned char DData);
    void  DisplayListChar(unsigned char X, unsigned char Y, unsigned char *DData);
  #endif
```

LCD1602.c 文件：

```
  #include "LCD1602.h"
  void  delay_ms(unsigned  int  ms)
  {
    unsigned  int i, j;
    for(I = 0; I < ms; i++)
    {
      for(j = 0; j < 8450; j++)
    }
  }
  // LCD1602 I/O 端口配置
  void LCD1602_GPIO_Init(void)
  {
    GPIO_InitTypeDef GPIO_InitStructure;
    // GPIOA、GPIOE 时钟使能
    RCC_APB2PeriphClockCmd(RCC_APB2Periph_GPIOA | RCC_APB2Periph_GPIOE, ENABLE);
    GPIO_InitStructure.GPIO_Pin = GPIO_Pin_6 | GPIO_Pin_7 | GPIO_Pin_8;  //端口配置
    GPIO_InitStructure.GPIO_Speed = GPIO_Speed_2MHz;
    GPIO_InitStructure.GPIO_Mode = GPIO_Mode_Out_PP;
    GPIO_Init(GPIOA, &GPIO_InitStructure);
    GPIO_InitStructure.GPIO_Pin = GPIO_Pin_8 | GPIO_Pin_9 | GPIO_Pin_10 | GPIO_Pin_11|
    GPIO_Pin_12 | GPIO_Pin_13 | GPIO_Pin_14 | GPIO_Pin_15;
    GPIO_Init(GPIOE, &GPIO_InitStructure);
  }
  //数据配置为输出
```

```
void DATAOUT(void)
{
  GPIO_InitTypeDef   GPIO_InitStructure;
  GPIO_InitStructure.GPIO_Speed = GPIO_Speed_2MHz;
  GPIO_InitStructure.GPIO_Mode = GPIO_Mode_Out_PP;
  GPIO_InitStructure.GPIO_Pin = GPIO_Pin_8 | GPIO_Pin_9 | GPIO_Pin_10 | GPIO_Pin_11 |
  GP IO_Pin_12 | GPIO_Pin_13 | GPIO_Pin_14 | GPIO_Pin_15;
  GPIO_Init(GPIOE, &GPIO_InitStructure);
}
//读状态
unsigned char ReadStatusLCM(void)
{
  unsigned   int   i;
  DATAOUT( );
  GPIO_Write(GPIOE, 0xff00);
  delay_ms(5);
  LCM_RS0;
  LCM_RW1;
  LCM_E0;
  LCM_E0;
  LCM_E1;
  for(i = 0; I < 100; i++);
  i = GPIO_ReadInputData(GPIOE);      //读取数据口
  delay_ms(5);
  return(i >> 8);                     //返回所读数据
}
//写指令
// BusyC 为零时，检测忙信号，否则不检测忙信号
void WriteCommandLCM(unsigned char WCLCM, unsigned char BusyC)
{
  unsigned   int   data = 0;
  if(BusyC)   ReadStatusLCM( );       //根据需要检测忙
  DATAOUT();
  data = WCLCM << 8;
  GPIO_Write(GPIOE,data);             //发送指令数据
  delay_ms(5);
  LCM_RS0;
  LCM_RW0;
  LCM_E0;
```

```
    LCM_E0;
    LCM_E1;
}
//写数据
void WriteDataLCM(unsigned char WDLCM)
{
    unsigned int data = 0;
    ReadStatusLCM( );                    //检测忙状态
    DATAOUT( );
    data = WDLCM << 8;
    GPIO_Write(GPIOE, data);
    LCM_RS1;
    LCM_RW0;
    LCM_E0;
    LCM_E0;
    LCM_E1;
}
// LCD1602 初始化函数
void    LCD1602_Init(void)
{
    LCD1602_GPIO_Init( );
    DATAOUT( );
    GPIO_Write(GPIOE,0);
    WriteCommandLCM(0x38, 0);            //设置 16 × 2 显示，5 × 7 点阵，8 位数据接口
    delay_ms(5);                         //延时 5 ms
    WriteCommandLCM(0x38, 0);            //三次显示模式设置，不检测忙信号
    delay_ms(5);
    WriteCommandLCM(0x38, 0);            //三次显示模式设置，不检测忙信号
    delay_ms(5);
    WriteCommandLCM(0x38, 1);            //显示模式设置，开始要求每次检测忙信号
    delay_ms(5);
    WriteCommandLCM(0x08, 1);            //关闭显示
    delay_ms(5);
    WriteCommandLCM(0x01, 1);            //显示清屏
    delay_ms(5);
    WriteCommandLCM(0x06, 1);            //显示光标移动设置
    delay_ms(5);
    WriteCommandLCM(0x0C, 1);            //显示开及光标设置
    delay_ms(5);
```

```
}
// X: 0～15 显示字符所在起始列数
// Y: 0～1 显示字符所在起始行数
// DData:要显示的字符数据
void DisplayOneChar(unsigned char X, unsigned char Y, unsigned char DData)
{
    Y &= 0x1;
    X &= 0xF;                    //限制 X 不能大于 15，Y 不能大于 1
    if(Y)    X |= 0x40;          //当要显示第二行时，地址码 + 0x40
    X |= 0x80;                   //算出指令码
    WriteCommandLCM(X, 0);       //不检测忙信号，发送地址码
    WriteDataLCM(DData);
}
// X: 0～15 显示字符所在起始列数
// Y: 0～1 显示字符所在起始行数
// *DData:要显示的字符串指针
void DisplayListChar(unsigned char X, unsigned char Y, unsigned char *DData)
{
        unsigned char ListLength;
        ListLength = 0;
        Y &= 0x1;
        X &= 0xF;                              //限制 X 不能大于 15，Y 不能大于 1
        while (DData[ListLength] != '\0')      //若到达字串尾则退出，字符长度小于 32
        {
            if (X <= 0xF)                      //X 坐标应小于 0xF(15)
            {
                DisplayOneChar(X, Y, DData[ListLength]);    //显示单个字符
                ListLength++;
                X++;
            }
        }
}
```

习题

(1) 解决程序下载后 LED 数码管闪烁的问题。在液晶驱动程序中，类似“GPIO_Write(GPIOE, data);”这样的语句存在什么问题？

(2) 对于习题(1)的现象，请分析并说明液晶的显示没有闪烁的原因。

(3) 比较分析数码管显示与液晶显示的区别。

(4) 仔细阅读 LCD1602.h 文件，解释以下宏定义的作用及优点。

```
#define   LCM_RW1   GPIO_SetBits(GPIOA, GPIO_Pin_7)
#define   LCM_RW0   GPIO_ResetBits(GPIOA, GPIO_Pin_7)
```

(5) 修改程序，去掉数码管显示，用液晶显示完成所有功能。

(6) 用层次化的思想简述 LCD1602 驱动程序的构成。

(7) 在语句“timestr[0] = Hour / 10 + 0x30；”中为什么要加上 0x30?

(8) 本次实验中遇到了哪些出错提示？请提供截屏图片，并说明是如何分析和处理的。

第 3 章　CubeMX 教学实验

实验十　使用 CubeMX 创建工程

一、实验目的

(1) 掌握 STM32CubeMX(简称 CubeMX)创建工程的基本步骤；
(2) 了解 HAL(硬件抽象层，Hardware Abstraction Layer)的基本概念。

二、实验设备及器件

(1) EDU-STM32 开发板一块，PC 一台；
(2) STM32CubeMX；
(3) MDK Keil μVision5 软件开发环境，STM32-ISP 串口下载软件。

三、实验内容

(1) 使用 STM32CubeMX 创建工程。
(2) 在 MDK Keil μVision5 软件开发环境下使用 HAL 库编程，先后控制 LED1 和 LED4 闪烁。

四、实验分析

1. HAL 简介

STM32 的应用开发都是依靠操作寄存器完成的，但是作为 32 位 MCU，STM32 寄存器数量多，功能复杂，用户直接操作寄存器变得越来越不现实。为提高开发效率，ST 为开发者提供了三种库：STD(标准外设，Standard)库、HAL 库、LL 库。目前较为常用的是 STD 库和 HAL 库。

相对于 HAL 库，STD 标准外设库更接近寄存器操作，主要就是将一些基本的寄存器操作封装成 C 函数。开发者需要关注的是所使用的外设在哪个总线上，以及具体寄存器的配置等底层信息。ST 为各系列提供的标准外设库稍微有些区别。例如，STM32F1x 的库和 STM32F3x 的库在文件结构上就有些不同。此外，在内部的实现上也稍微有些区别，不过，不同系列之间的差别并不是很大，而且在设计上是相同的。

可以说，HAL 库就是用来取代之前的标准外设库的。相比于标准外设库，STM32Cube HAL 库的抽象整合水平更高，HAL API(应用程序接口，Application Interface)集中关注各外设的公共函数功能，这样便于定义一套通用的用户友好的 API 函数接口，从而可以轻松实现从一个 STM32 产品移植到另一个不同的 STM32 系列产品。HAL 库是 ST 未来主推的库，比如 ST 新出的 F7 系列等芯片已经没有 STD 库了。目前，HAL 库已经支持 STM32 全线产品。

2. STM32CubeMX 简介

ST 为新的标准库注册了一个新商标：STM32Cube。并且，ST 专门为其开发了配套的桌面软件 STM32CubeMX，开发者可以直接使用该软件进行可视化配置，大大节省了开发时间。

随着 STM32 MCU 的主频越来越高，功能越来越完善，使用操作系统和网络互联逐渐成为潮流，STM32Cube 提供的 TCP/IP、RTOS 等中间件为开发大型项目提供了方便 STM32Cube 框图如图 3.1 所示。

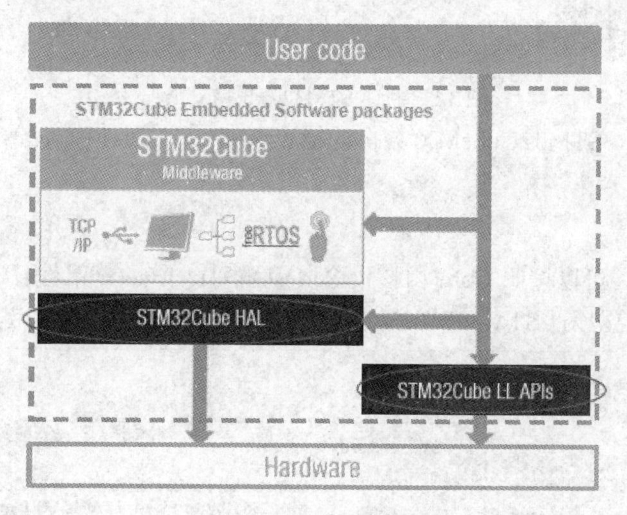

图 3.1　STM32Cube 框图

STM32CubeMX 是 ST 近几年来大力推荐的 STM32 芯片图形化配置工具，它允许用户使用图形化向导生成 C 初始化代码，可以大大减少开发工作的时间和费用。STM32CubeMX 几乎覆盖了 STM32 全系列芯片。它具有如下特性：

- 直观地选择 MCU 型号，可指定系列、封装、外设数量等条件；
- 可以进行微控制器的图形化配置；
- 自动处理引脚冲突；
- 动态设置时钟树，生成系统时钟配置代码；
- 可以动态设置外围和中间件的模式并进行初始化；
- 可以进行功耗预测；
- C 代码工程生成器覆盖了 STM32 微控制器初始化编译软件，如 IAR、Keil、GCC；
- 可以独立使用或者作为 Eclipse 插件使用。

五、实验步骤

1. 打开 CubeMX

双击 STM32CubeMX 程序图标，在打开的 STM32CubeMX 程序中点击“New Project”，

如图 3.2 所示。

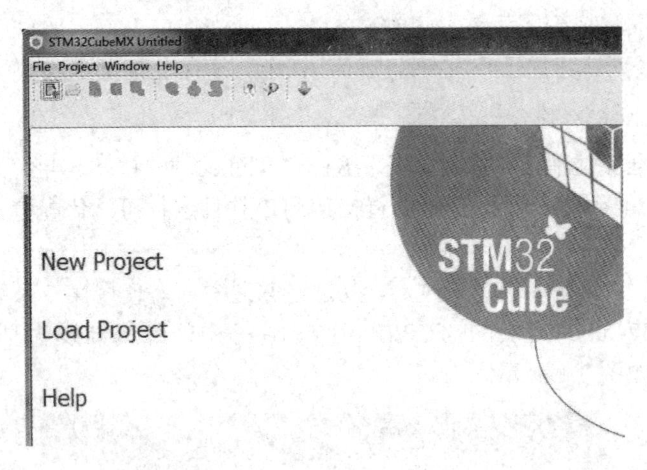

图 3.2　新建 STM32CubeMX 工程

在联网状态下，STM32CubeMX 会自动检查更新。没有联网时，请忽略检查更新的错误报告。

2. 选择芯片

如图 3.3 所示，可以按照 Core(内核)、Series(系列)、Line(产品线)、Package(封装)顺序选择本项目 CPU 类型为“STM32F103VC”，也可以在搜索框内输入关键字搜索 CPU 类型。

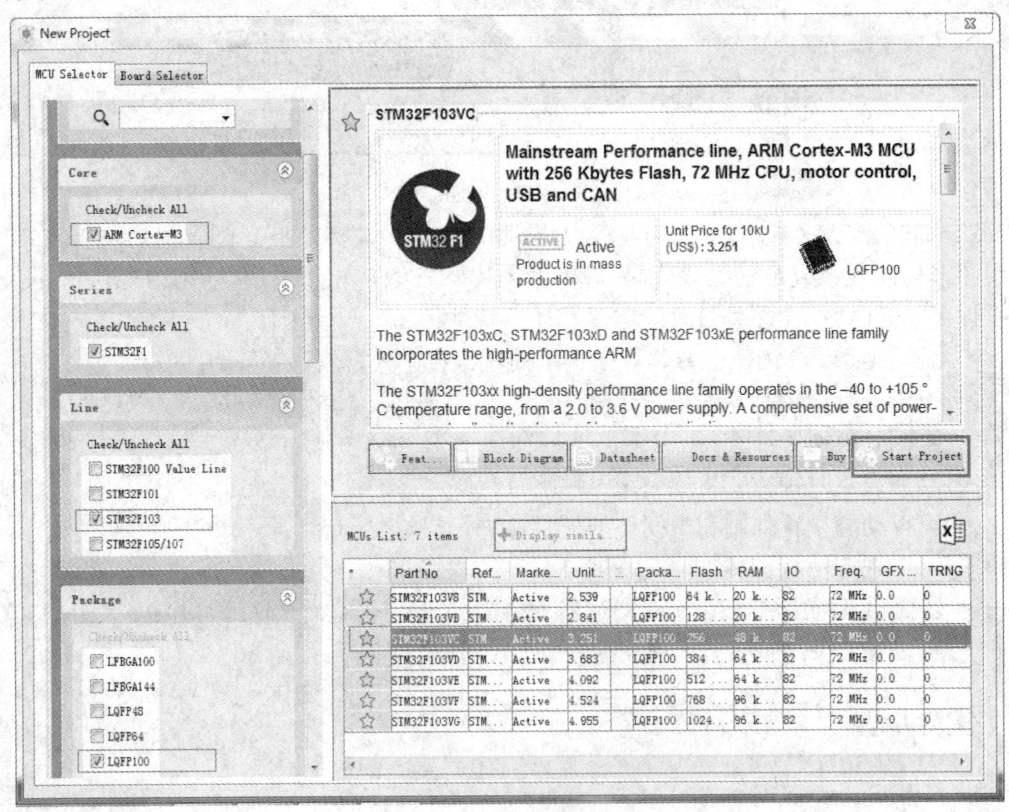

图 3.3　选择芯片

在图 3.3 所示的操作界面中，CubeMX 还详细介绍了该芯片的技术特征、市场情况(包括当前是否供货)、芯片单价等信息供开发者参考。

选择完芯片后，点击图 3.3 右侧的“Start Project”按钮开始新建项目。

3. 配置芯片引脚

1) 配置 RCC

如图 3.4 所示，选择 RCC 为高速外部时钟 HSE 输入，与此同时，右侧芯片图例中的 12、13 号引脚被占用，显示分别被用于 RCC_OSC_IN 和 RCC_OSC_OUT。

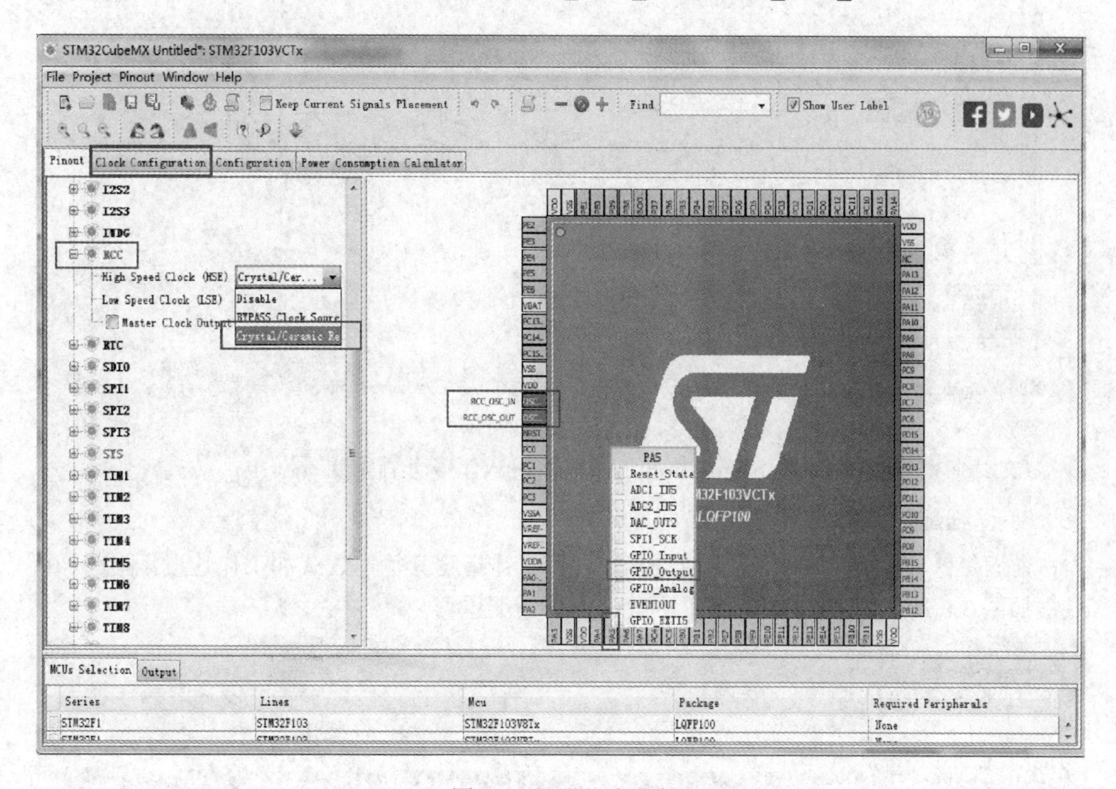

图 3.4　配置芯片引脚

2) 配置 GPIO

查阅开发板原理图，PA5 连接 LED 指示灯 LED1，需要将其设置成输出模式。如图 3.4 所示，点击右侧芯片图例中的 PA5 引脚，选择“GPIO_Output”模式。

3) 进入时钟配置

点击图 3.4 上方的“Clock Configuration”标签，进入下一步时钟配置界面。

4. 配置时钟

由于上一步中选择 HSE 作为时钟源，因此图 3.5 左下侧框中所示的引脚会自动连接，确保输入频率为 8 MHz，且与开发板上的晶振频率保持一致。

在图 3.5 右侧框中填入系统时钟 HCLK 为 72 MHz，按下回车键后 STM32CubeMX 会自动进行计算，配置好相关寄存器，并以图形化形式显示配置结果，复杂的时钟配置就这样很简便地完成了。

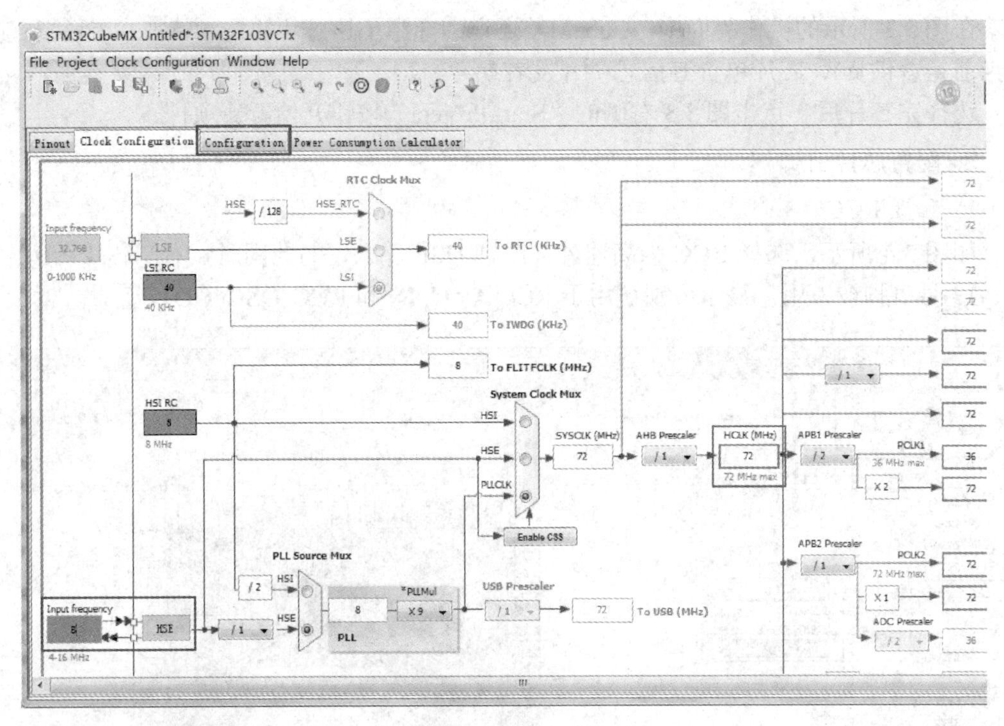

图 3.5　配置时钟

点击图 3.5 上方的“Configuration”标签，进入下一步配置步骤。

5. 详细配置引脚

前面第 3 步只是将 PA5 配置成输出，没有具体指明其输出模式和工作速度，因此需要点击如图 3.6 所示的“GPIO”按钮，做进一步的配置。

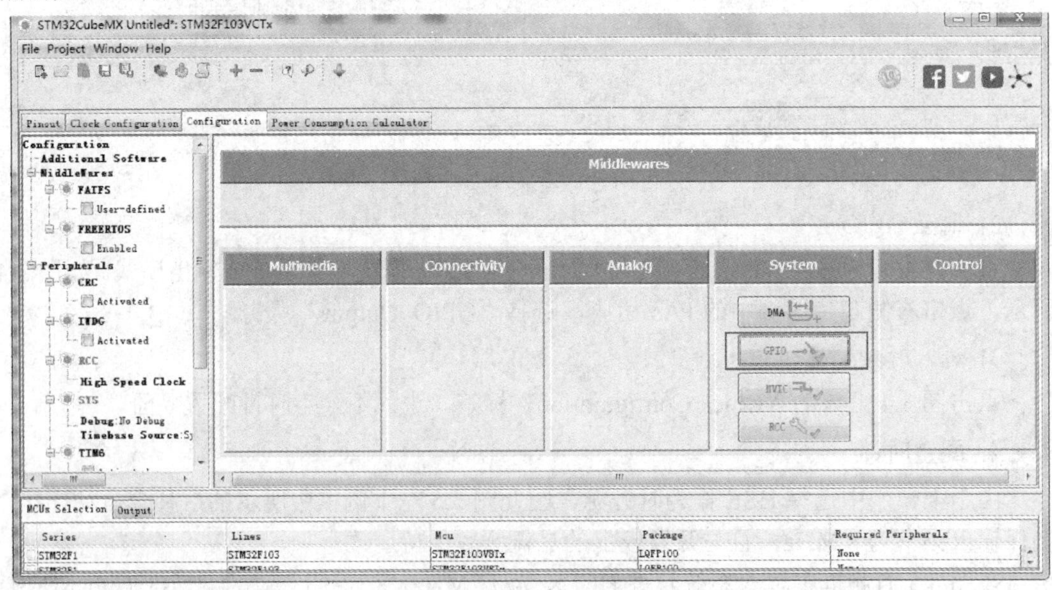

图 3.6　进入 GPIO 详细配置

如图 3.7 所示，保证当前为 GPIO 标签，点击左侧的 PA5 引脚，在图 3.7 下方参数配置区域的“User Label”框中填入 PA5 的标签“LED1”。

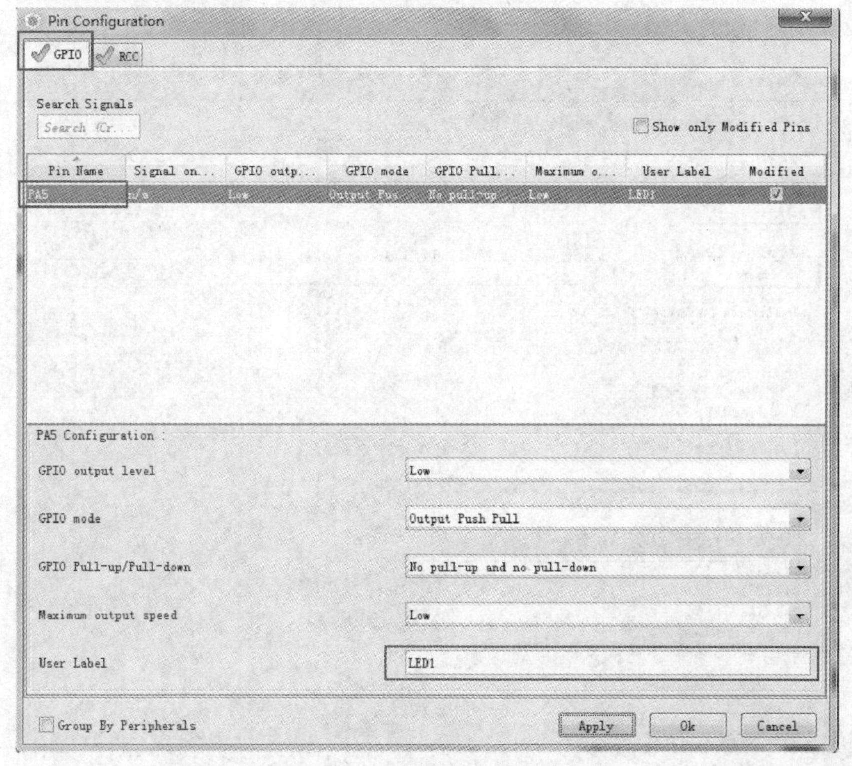

图 3.7　为 PA5 设定输出模式和标签

这一步设置的标签 LED1 很重要，在后面的程序中会使用这个标签进行编程。

6. 生成项目文件

点击图 3.8 上方的图标“Generate source code based on user settings”，将生成源代码和项目文件。

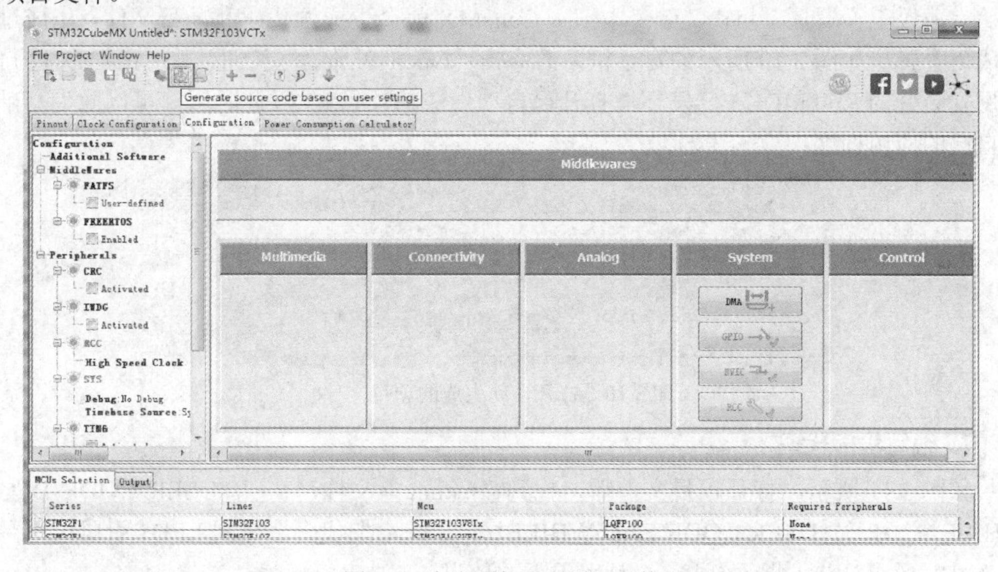

图 3.8　生成源代码和项目文件

如图 3.9 所示，生成项目文件时，需要设置项目的名称、位置和“Toolchain / IDE”(工具链/集成开发环境)的类型。

图 3.9　设置生成的项目文件

完成以上设置后，点击“Ok”按钮，CubeMX 就会生成源代码和项目文件。生成过程完成后会弹出如图 3.10 所示的对话框，若点击“Open Project”按钮，则 CubeMX 会自动调用安装好的 Keil MDK5 开发环境打开已自动生成的项目文件，此时用户可以此为基础编写自己的应用程序。

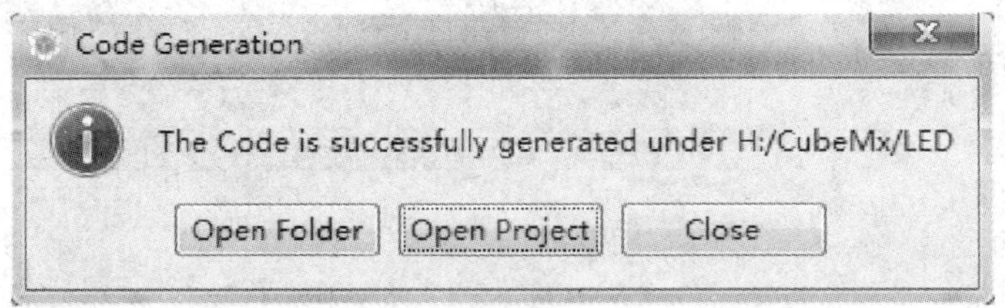

图 3.10　打开自动生成的项目文件

7. 编写程序代码

如图 3.11 所示，打开项目文件后，找到“main.c”文件，在“/*USER CODE BEGIN WHILE*/”和“/*USER CODE END WHILE*/”之间增加代码，控制 LED1 引脚电平翻转和延时，形成 LED1 指示灯按 1 s 频率闪烁的效果。

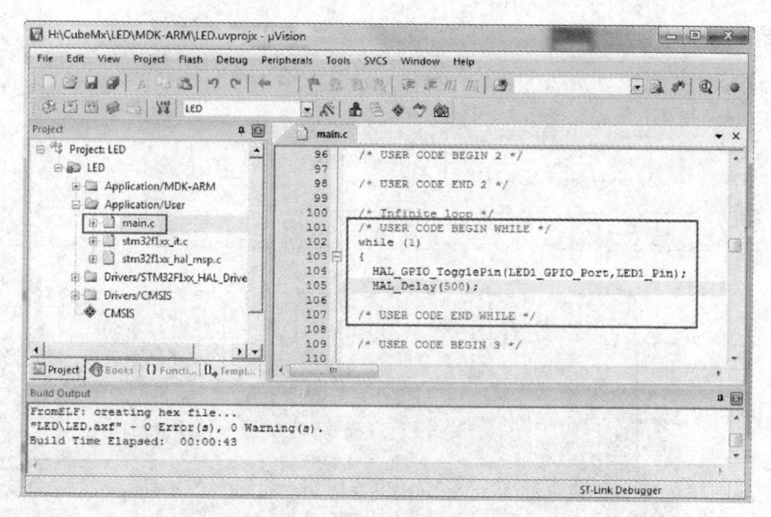

图 3.11　编写指示灯闪烁代码

需要特别注意的是，代码一定要写在 USER CODE 注释所包含的位置中，否则当再次通过 STM32CubeMX 重新配置生成新的 MDK 代码时，将会把没有写在 USER CODE 中的代码清除掉，用户须重写代码。

8. 编译和下载

之后的操作和普通的 MDK 项目操作完全一样，也是点击编译按钮，生成 HEX 文件，再使用串口 ISP 将 HEX 文件下载到开发板，察看实验效果。

本项目的 HEX 文件存放于“..\MDK-ARM\LED”文件夹中。

9. 重新打开 STM32CubeMX

为进一步理解和熟悉 STM32CubeMX 的特点和 HAL 的概念，下面将输出引脚更换为 PC13，对应开发板上的 LED4 指示灯。

重新双击 STM32CubeMX 程序图标，在 STM32CubeMX 程序中点击“Load Project”，在弹出的对话框中选择“LED.ioc”文件并打开，如图 3.12 所示。

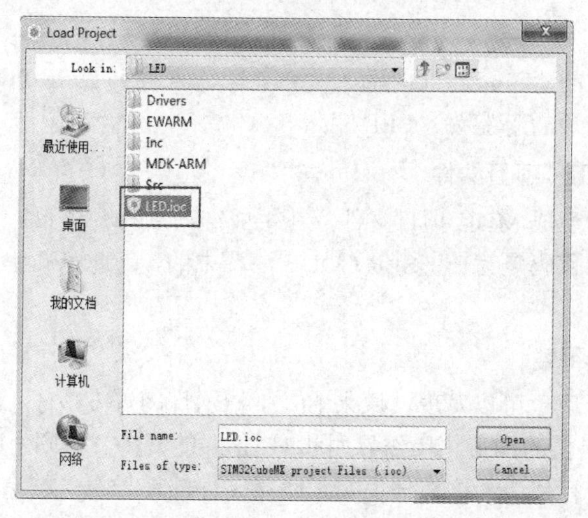

图 3.12　打开 STM32CubeMX 项目

10. 重新配置 GPIO 引脚

取消 PA5 的引脚配置。如图 3.13 所示，点击 PA5 引脚，选择“Reset_State”复位状态。

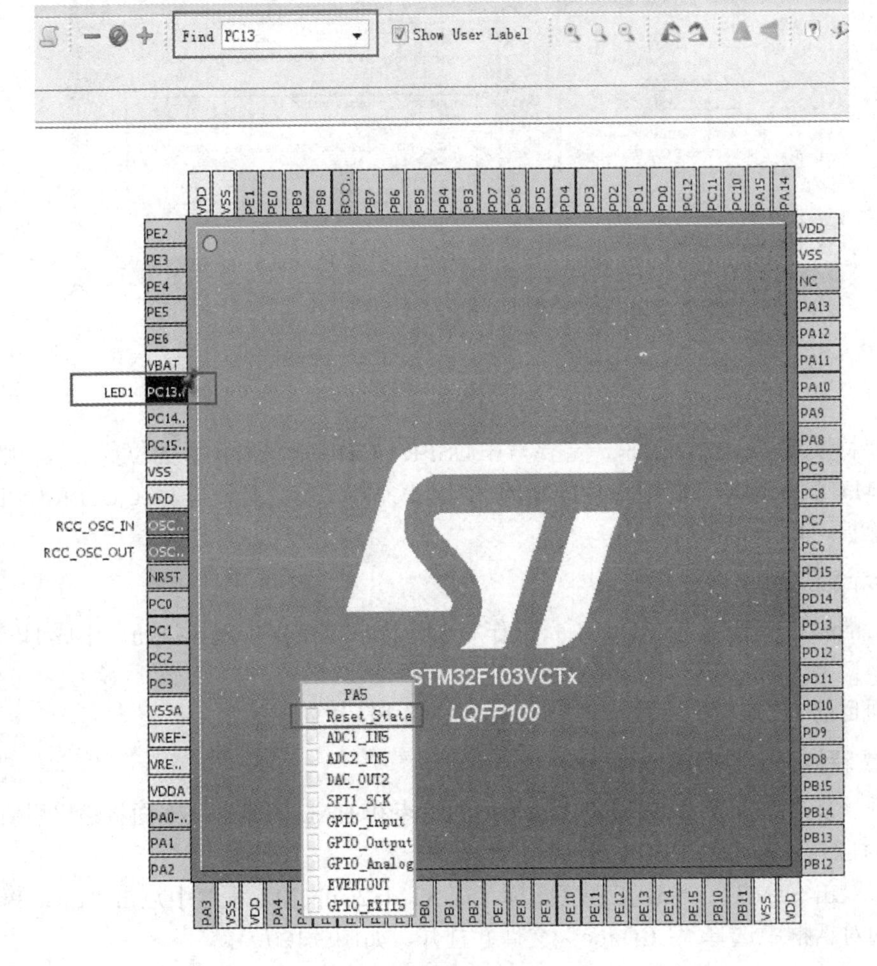

图 3.13　重新配置 GPIO 引脚

在图 3.13 上方的“Find”框内输入“PC13”，查找并点击 PC13 引脚，设置其为“GPIO_Output”，并设置标签为“LED1”。

11. 重新生成 MDK 项目文件

同第 6 步，重新生成 MDK 项目文件，在生成结束后打开项目。

由于之前编写的代码是写在 USER CODE 注释中的，因此重新生成项目时代码没有被覆盖，可以直接使用。

12. 重新编译和下载

下载后观察实验现象可以发现，原来 LED1 指示灯闪烁变成了 LED4 指示灯闪烁。

由于 CubeMX 提供的图形化操作界面和 HAL 层的支持，不同引脚使用了相同的 LED 标签，并没有编写一行代码。这充分说明了底层硬件的差异已经被有效屏蔽，用户只需要关注应用层的功能实现。

习题

(1) 如果换一款芯片型号，本次实验应该如何完成？

(2) 实验过程中遇到了哪些英文专业词汇？它们代表什么意思？请列举 5～10 个，写出它们的中英文对照。

(3) 利用 MDK 代码追踪功能，查看 LED1_GPIO_Port 和 LED1_Pin 宏是在什么地方定义的？

(4) 查看 HAL_Init( )函数的定义，它主要完成哪些工作？

(5) 查看 SystemClock_Config( )函数的定义，它主要完成哪些工作？

(6) 查看 MX_GPIO_Init( )函数的定义，它主要完成哪些工作？

(7) 查看 HAL_GPIO_TogglePin( )函数的定义，它主要完成哪些工作？

(8) 与 HAL_GPIO_TogglePin( )函数类似，控制 GPIO 引脚状态的函数有哪些？

(9) 查看 HAL_Delay(500)函数的定义，它主要完成哪些工作？

(10) 分析 CubeMX 生成的项目文件夹，MDK 的项目文件存放在哪个文件下？HAL 库文件存放在哪个文件下？编译生成的 HEX 文件存放在哪个文件下？

实验十一　基于 CubeMX 的外部中断实验

一、实验目的

(1) 掌握 CubeMX 配置外部中断的基本方法；

(2) 掌握 CubeMX 项目中编写中断服务程序的方法。

二、实验设备及器件

(1) EDU-STM32 开发板一块，PC 一台；

(2) STM32CubeMX；

(3) MDK Keil μVision5 软件开发环境，STM32-ISP 串口下载软件。

三、实验内容

(1) 使用 STM32CubeMX 创建工程，配置 EXTI 和 NVIC。

(2) 在 MDK Keil μVision5 软件开发环境下使用 HAL 库编写中断服务程序，用 4 个按键 KEY1～KEY4 的下降沿分别翻转 4 个指示灯 LED1～LED4 的状态。

四、实验分析

MCU 的中断处理机制使得 CPU 能处理外部的随机事件，这大大增强了 CPU 的处理能力。中断源与中断服务程序之间有着固定的对应关系，这种对应关系依靠 CPU 内嵌的中断系统来保证，用户要做的就只有两件事情：

一是配置好中断系统，使用中断请求能达到内核。同时还要管理好中断优先级，解决多个随机中断之间的冲突。

二是为中断源编写好中断服务程序。当中断请求到来时，由 CPU 内嵌的 NVIC 按中断请求编号调用对应的中断服务程序以响应该中断请求。

在 STM32CubeMX 中使用图形化的方法来配置 EXTI 和 NVIC，其操作步骤如图 3.14 所示。

图 3.14　实现中断功能的步骤

五、实验步骤

1. 建立一个 CubeMX 新工程并配置引脚

如实验十所示步骤，新建一个 CubeMX 工程，配置 HSE 时钟为 8 MHz，HCLK 为 72 MHz。配置 KEY1～KEY4、LED1～LED4 引脚，如图 3.15 所示。

Pin Configuration

GPIO　RCC　NVIC

Search Signals

Search (Cr...

Show only Modified Pins

Pin Name	Signal on Pin	GPIO output level	GPIO mode	GPIO Pull-up/Pull-down	Maximum output speed	User Label	Modified
PA5	n/a	Low	Output Push Pull	No pull-up and no pull-down	Low	LED4	✓
PC6	n/a	Low	Output Push Pull	No pull-up and no pull-down	Low	LED2	✓
PC7	n/a	Low	Output Push Pull	No pull-up and no pull-down	Low	LED3	✓
PC13-TAMPER-RTC	n/a	High	Output Push Pull	No pull-up and no pull-down	Low	LED1	✓
PD3	n/a	n/a	External Interrupt Mode with Falling edge trigger detection	Pull-up	n/a	KEY1	✓
PD6	n/a	n/a	External Interrupt Mode with Falling edge trigger detection	Pull-up	n/a	KEY2	✓
PD12	n/a	n/a	External Interrupt Mode with Falling edge trigger detection	Pull-up	n/a	KEY3	✓
PD13	n/a	n/a	External Interrupt Mode with Falling edge trigger detection	Pull-up	n/a	KEY4	✓

1　2　3

? Select Pins from table to configure them. Multiple selection is Allowed.

Group By Peripherals　　Apply　Ok　Cancel

图 3.15　按键中断和 LED 引脚配置

查看开发板原理图，PC13 引脚为低电平驱动，为在初始化时使得 PC13 上的 LED 处于熄灭状态，如图 3.15 中 1 号框所示，PC13 引脚初始化电平为“High”。

如图 3.15 中 2 号框所示，将 4 个按键 KEY1～KEY4 配置为外部中断下降沿触发(External Interrupt Mode with Falling edge trigger detection)。

为方便后面编程，屏蔽引脚差别，如图 3.15 中 3 号框所示，为 4 个 LED 引脚和 4 个按键引脚定义了标签。

2. 配置 NVIC

点击图 3.15 中的“Ok”按钮，回到“Configuration”标签，并点击图 3.16 中的“NVIC”按钮，进入如图 3.17 所示的界面，配置 NVIC。

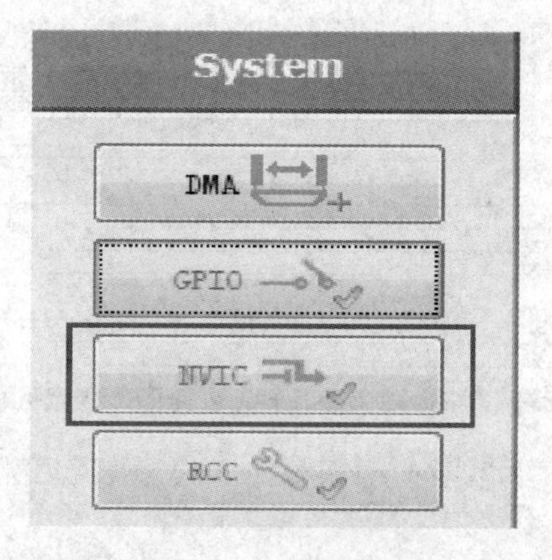

图 3.16　NVIC 配置按钮

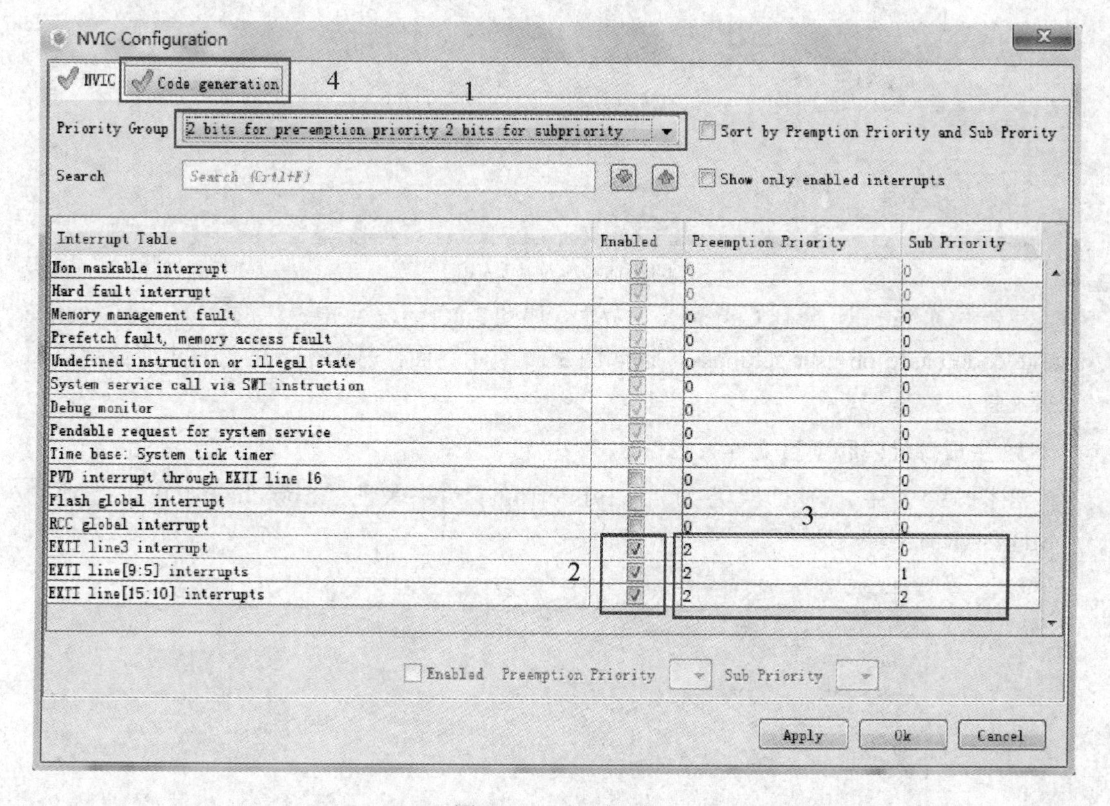

图 3.17　NVIC 配置

如图 3.17 中 1 号框所示，选择优先级分组(Priority Group)为 2 位抢占优先级 2 位子优先级(2 bits for pre-emption priority 2 bits for subpriority)。

如图 3.17 中 2 号框所示，勾选 PD3 引脚使用的外部中断 3 号通道(EXTI line3 interrupt)的使能(Enabled)选项。同理，勾选 PD6 引脚使用的外部中断 9:5 号通道的使能选项，勾选 PD12 及 PD13 共用的外部中断 15:10 号通道的使能选项。并如 3 号框所示设置各通道的中断优先级。

NVIC 配置完成后，点击图 3.17 中 4 号框的“Code generation”进入图 3.18 所示界面，生成中断初始化代码和中断服务程序代码。

在图 3.18 中，保持 1 号框中的选项不变，勾选 2 号框中的 3 个中断选项。

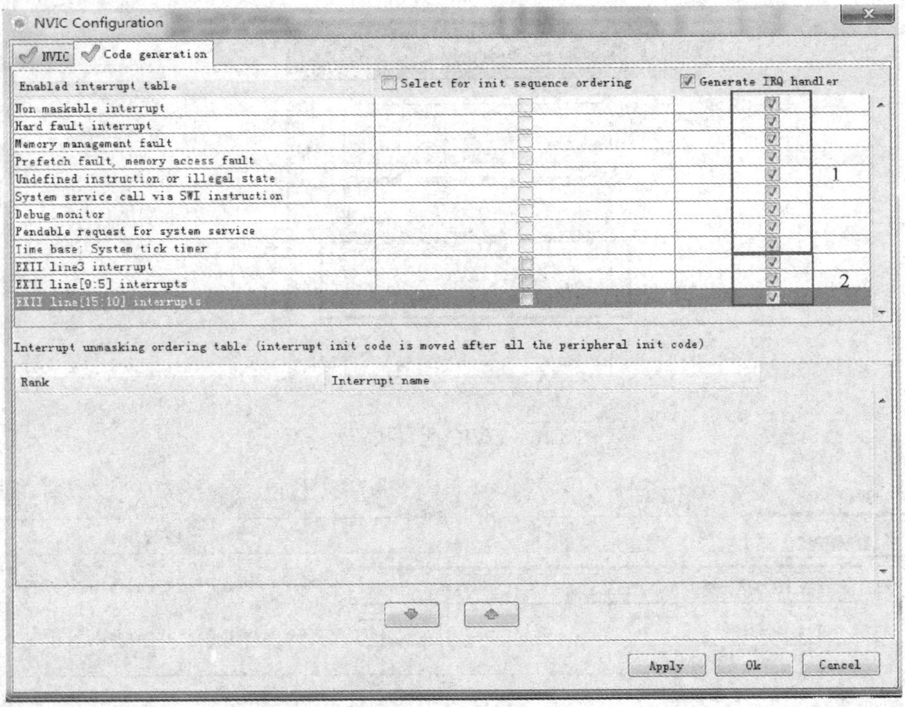

NVIC Configuration

NVIC　Code generation

Enabled interrupt table	Select for init sequence ordering	Generate IRQ handler
Non maskable interrupt		✓
Hard fault interrupt		✓
Memory management fault		✓
Prefetch fault, memory access fault		✓
Undefined instruction or illegal state		✓
System service call via SWI instruction		✓
Debug monitor		✓
Pendable request for system service		✓
Time base: System tick timer		✓
EXTI line3 interrupt		✓
EXTI line[9:5] interrupts		✓
EXTI line[15:10] interrupts		✓

1

2

Interrupt unmasking ordering table (interrupt init code is moved after all the peripheral init code)

Rank	Interrupt name

Apply　Ok　Cancel

图 3.18　生成中断代码

点击“Ok”按钮，回到 CubeMX 主界面，如图 3.8 所示，点击上方的图标“Generate source code based on user settings”，进入图 3.19 所示界面，基于刚才的设置生成源代码和项目文件。

3. 生成源代码和项目文件

在图 3.19 中，项目取名为“KeyInterrupt”，并保证“Toolchain/IDE”选项为“MDK-ARM V5”。

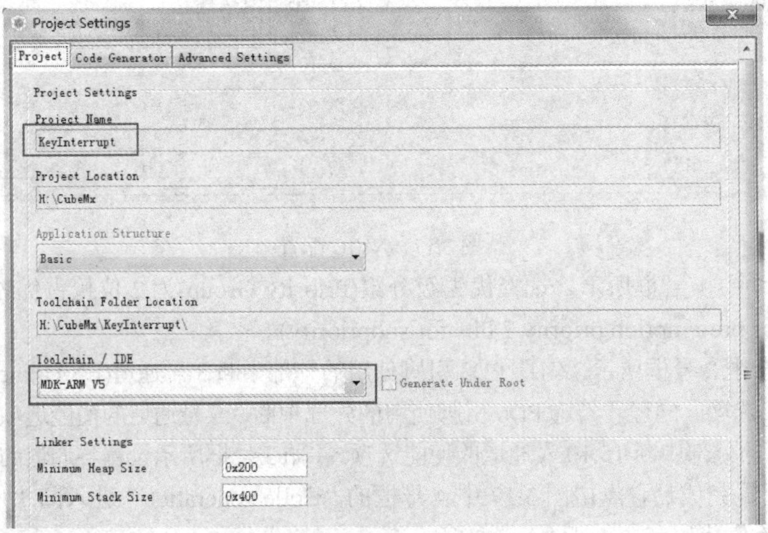

Project Settings

Project　Code Generator　Advanced Settings

Project Settings

Project Name

KeyInterrupt

Project Location

H:\CubeMx

Application Structure

Basic

Toolchain Folder Location

H:\CubeMx\KeyInterrupt\

Toolchain / IDE

MDK-ARM V5　Generate Under Root

Linker Settings

Minimum Heap Size　0x200

Minimum Stack Size　0x400

图 3.19　生成源代码和项目文件

4. 理解自动生成的中断应用框架

前面的操作生成了一个包含中断初始化代码和中断服务框架的项目文件，为了能顺利编写中断服务程序，需要理解这套中断应用程序的框架是如何运作的。

(1) 自动生成的 main 函数调用 MX_GPIO_Init 函数完成引脚初始化、NVIC 初始化和中断优先级设置。

(2) 通常情况下，与中断请求对应的中断服务程序都被安放在 stm32f1xx_it.c 文件中，并以固定的函数名命名。如图 3.20 所示，EXTI3_IRQHandler 函数就是外部中断通道 3 的服务程序。就本例来讲，当按下 PD3 按钮，产生下降沿中断请求时，系统会按这套规则调用 EXTI3_IRQHandler 函数来响应，其余的以此类推。

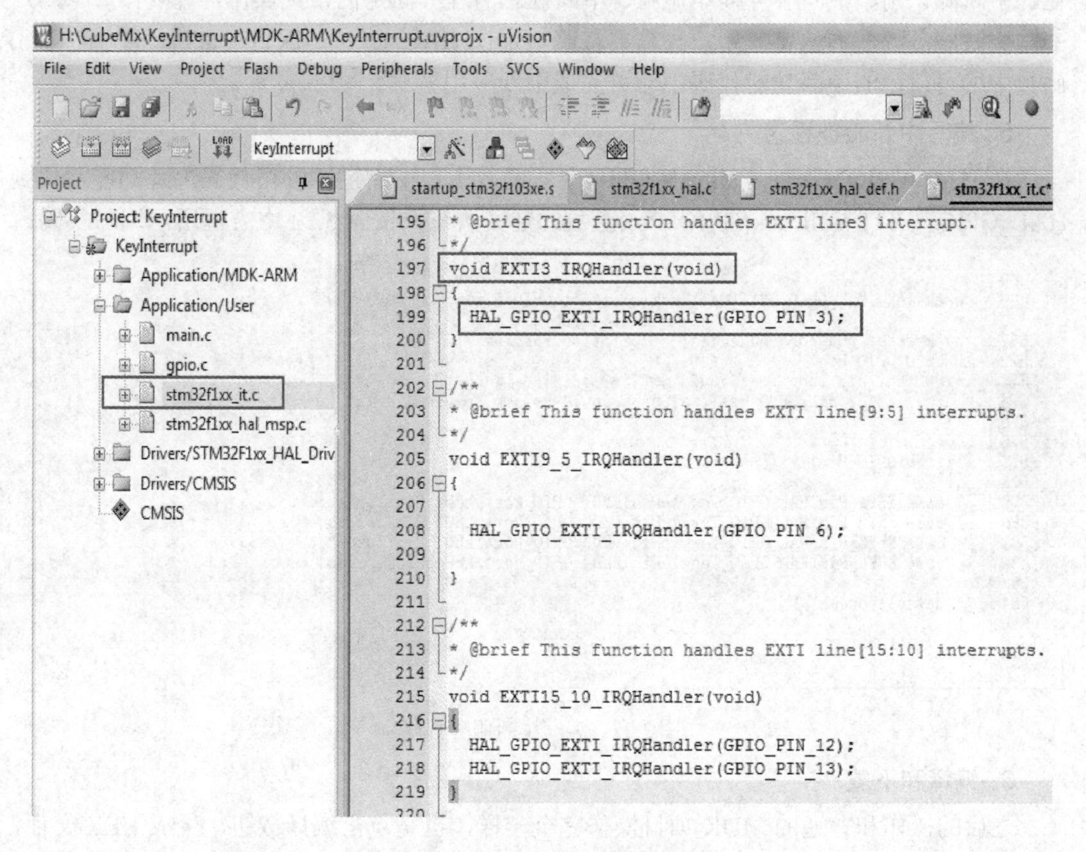

图 3.20　中断程序框架分析

这样，一个中断请求对应一个中断服务函数，形成了一一对应的关系，其好处是概念十分清晰，但从应用角度来看，代码有些零乱，不太符合软件模块化的思想。因此，ST 公司为所有的外部中断服务函数又重新定义了一个统一的处理函数 HAL_GPIO_EXTI_IRQHandler，在不同的中断服务中调用它，并传递相应的参数。

(3) 在 HAL_GPIO_EXTI_IRQHandler 函数中，自动生成的代码能识别中断源，并清除外部中断标志位，最终调用回调函数 HAL_GPIO_EXTI_Callback(GPIO_Pin)响应外部中断请求，如图 3.21 所示。

```
554  void HAL_GPIO_EXTI_IRQHandler(uint16_t GPIO_Pin)
555  {
556    /* EXTI line interrupt detected */
557    if (__HAL_GPIO_EXTI_GET_IT(GPIO_Pin) != RESET)
558    {
559      __HAL_GPIO_EXTI_CLEAR_IT(GPIO_Pin);   //清除外部中断标志位
560      HAL_GPIO_EXTI_Callback(GPIO_Pin);     //调用回调函数响应中断请求
561    }
562  }
563
```

图 3.21　外部中断的统一处理

综上所述，CubeMX 通过图形化方式自动生成的代码已经帮助用户完成了中断的初始化、中断源识别、中断服务程序调用、中断标志清理等固定的常规操作，并安排好了用户书写中断服务程序的位置，用户只需要按照规定在 HAL_GPIO_EXTI_Callback(GPIO_Pin)函数中编写自己的中断功能代码，即可完成中断应用编程。

5. 编写中断服务程序

在 HAL_GPIO_EXTI_Callback(GPIO_Pin)函数上点击右键，利用代码追踪功能，找到 HAL_GPIO_EXTI_Callback(GPIO_Pin)函数的定义所在，按图 3.22 中方框所示编写代码。

```
568    */
569  __weak void HAL_GPIO_EXTI_Callback(uint16_t GPIO_Pin)
570  {
571    /* Prevent unused argument(s) compilation warning */
572    UNUSED(GPIO_Pin);
573    /* NOTE: This function Should not be modified, when the callback is needed,
574             the HAL_GPIO_EXTI_Callback could be implemented in the user file
575     */
576
577    switch(GPIO_Pin)
578    {
579      case KEY1_Pin:HAL_GPIO_TogglePin(LED1_GPIO_Port,LED1_Pin);break;
580      case KEY2_Pin:HAL_GPIO_TogglePin(LED2_GPIO_Port,LED2_Pin);break;
581      case KEY3_Pin:HAL_GPIO_TogglePin(LED3_GPIO_Port,LED3_Pin);break;
582      case KEY4_Pin:HAL_GPIO_TogglePin(LED4_GPIO_Port,LED4_Pin);break;
583
584      default:break;
585    }
586  }
587
```

图 3.22　编写中断服务程序

6. 编译和下载

之后的操作和普通的 MDK 项目操作完全一样，也是点击编译按钮，生成 HEX 文件，再使用串口 ISP 将 HEX 文件下载到开发板，察看实验效果，按一下键，对应的指示灯点亮，再按一下键，则翻转熄灭。

习题

(1) 实验过程中遇到了哪些英文专业词汇？它们代表什么意思？请列举 5～10 个，写出它们的中英文对照。

(2) 配置 PD3 为上升沿触发，重新生成并编译下载，观察实验现象有何不同？为什么？

(3) 回调函数用于中断响应有什么特点？

实验十二　基于 CubeMX 的定时中断实验

一、实验目的

(1) 掌握 CubeMX 配置定时器的基本方法；

(2) 掌握 CubeMX 项目中编写定时中断服务程序的方法。

二、实验设备及器件

(1) EDU-STM32 开发板一块，PC 一台；

(2) STM32CubeMX；

(3) MDK Keil μVision5 软件开发环境，STM32-ISP 串口下载软件。

三、实验内容

(1) 使用 STM32CubeMX 创建工程，配置 TIM2 定时器和 NVIC。

(2) 在 MDK Keil μVision5 软件开发环境下使用 HAL 库编写 TIM2 中断服务程序，按 1 Hz 频率翻转指示灯 LED4 的状态。

四、实验分析

为方便起见，下面再次给出定时器时基的原理，如图 3.23 所示。

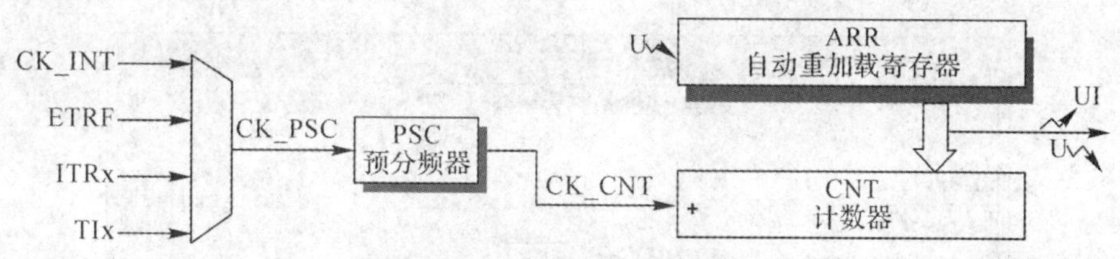

图 3.23　通用定时器时基单元

整个时基单元的输入一般选 CK_INT，它的频率和 HCLK 一致，一般为 72 MHz，然后经过 PSC 预分频器和 ARR 自动重加载寄存器所设定的数值进行二级分频后，产生 UI 更新中断。

按本例的要求指示灯按 1 Hz 频率状态翻转，因为翻转状态是由一个高电平和一个低电平组成的，所以需要的 UI 更新中断频率为 2 Hz。

为方便计算，选取 PSC = 7200 − 1，则以频率为单位进行计算：

$$CK\_CNT = \frac{CK\_INT}{7200} = 100\ 00\ \text{Hz}$$

$$ARR = \frac{CK\_CNT}{UI} = \frac{10\ 000\ \text{Hz}}{2\ \text{Hz}} = 5000 - 1$$

根据以上计算结果，用户需要在 CubeMX 中设置定时器的参数，并配置好定时中断各引脚，最后在自动生成的代码中编写 LED 指示灯状态翻转代码即可实现实验要求。

五、实验步骤

1. 建立一个 CubeMX 新工程并进行初步配置

如实验十所示步骤，新建一个 CubeMX 工程，配置 HSE 时钟为 8 MHz，HCLK 为 72 MHz。

将 PC13 引脚配置为输出模式，并设定标签为“LED1”。

如图 3.24 所示，在“Pinout”标签中配置 TIM2 的时钟源为“Internal Clock”，即前面提到的 CK_INT。由此，如图 3.25 所示，将在“Configuration”标签的“Control”面板上出现“TIM2”按钮，点击这个按钮后会出现如图 3.26 所示的界面，在其中可设置定时器的时间参数。

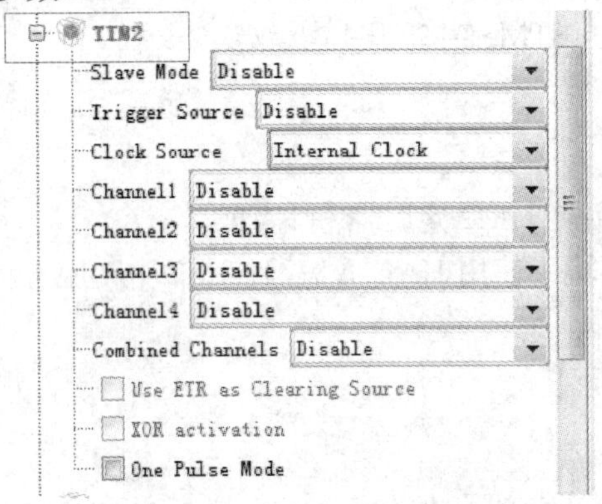

图 3.24　定时器时钟源设定

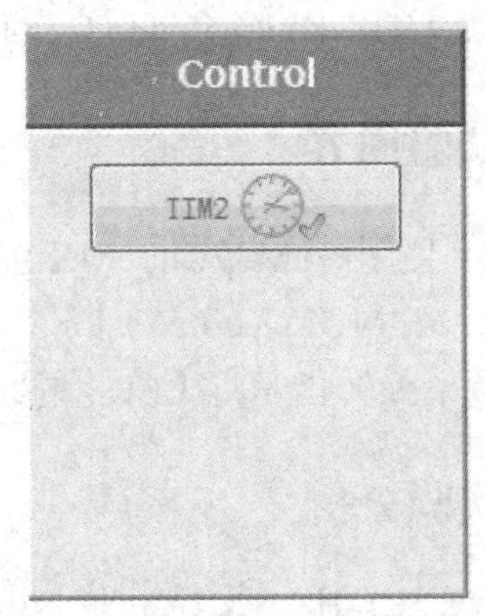

图 3.25　Control 面板上的 TIM2 按钮

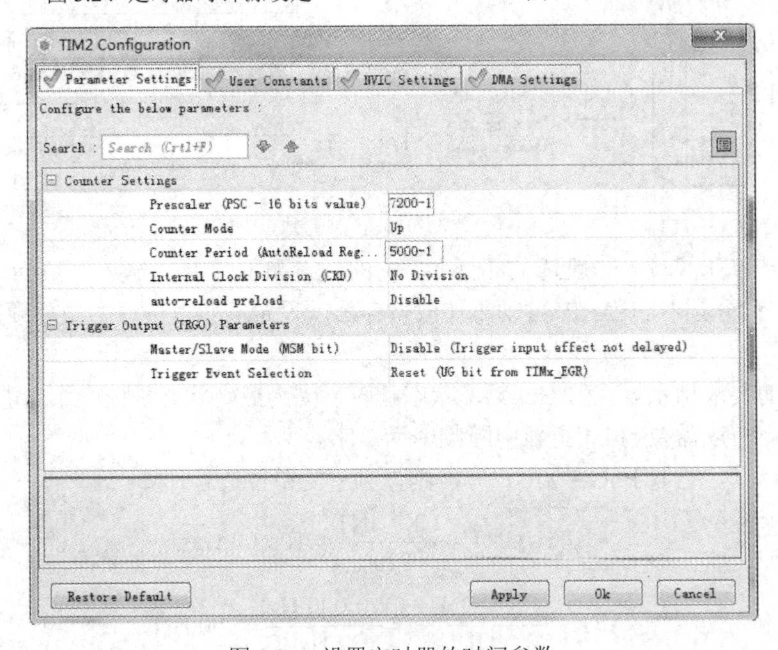

图 3.26　设置定时器的时间参数

2. 定时器参数设置

如图 3.26 所示，按实验分析结论设置定时器时间参数，从而产生 2 Hz 频率的溢出中断。

如图 3.27 所示，在“NVIC Settings”标签下勾选“TIM2 global interrupt”后的“Enabled”。

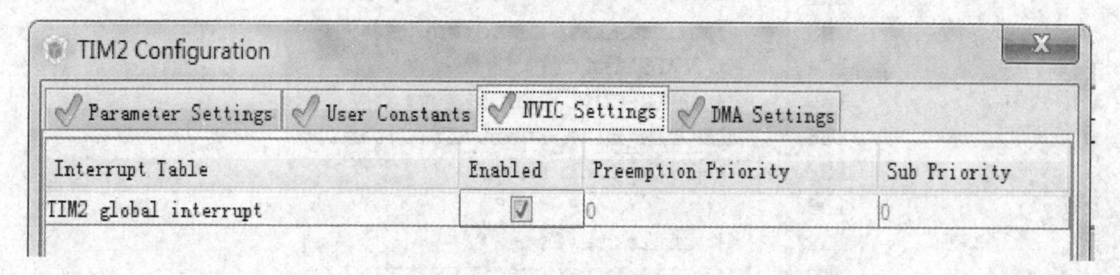

图 3.27　允许定时中断

3. 自动生成代码

如图 3.28 所示，在“NVIC Configuration”对话框中勾选“TIM2 global interrupt”。

NVIC Configuration

NVIC　Code generation

Enabled interrupt table	Select for init sequence ord...	Generate IRQ han...
Non maskable interrupt	☐	☑
Hard fault interrupt	☐	☑
Memory management fault	☐	☑
Prefetch fault, memory access fault	☐	☑
Undefined instruction or illegal s...	☐	☑
System service call via SWI instru...	☐	☑
Debug monitor	☐	☑
Pendable request for system service	☐	☑
Time base: System tick timer	☐	☑
TIM2 global interrupt	☑	☑

Interrupt unmasking ordering table (interrupt init code is moved after all the peripheral init code)

Rank	Interrupt name
1	TIM2 global interrupt

图 3.28　TIM2 的 NVIC 配置

完成上述操作后，即可如图 3.19 所示生成源代码和项目文件。当然，这是一个新的实验项目，应该有不同的项目名称。根据本例内容，项目取名为“TimBase”，并保证“Toolchain / IDE”选项为“MDK-ARM V5”。

4. 启动定时器

自动生成的代码并不包含定时器的启动，可以根据实际需要启动或关闭定时器，所以定时器的启动代码需要用户手动添加。本例安排在 main 函数的循环外启动定时器，如图 3.29 所示。

```
99   /* Initialize all configured per
100  MX_GPIO_Init();
101  MX_TIM2_Init();
102
103  /* Initialize interrupts */
104  MX_NVIC_Init();
105  /* USER CODE BEGIN 2 */
106  HAL_TIM_Base_Start_IT(&htim2);
107  /* USER CODE END 2 */
108
109  /* Infinite loop */
110  /* USER CODE BEGIN WHILE */
111  while (1)
112  {
```

图 3.29　启动定时器的代码

5. 编写定时中断的回调函数

由于定时器产生的中断类型比较多，其中断处理框架比较复杂，但不管怎样，所有定时器相同种类的中断都是由同一个回调函数处理的。定时器的溢出中断是由 HAL_TIM_PeriodElapsedCallback(TIM_HandleTypeDef *htim)回调函数处理的，函数参数代表发出溢出中断的定时器。

用户可以在 stm32f1xx_it.c 文件中找到 TIM2_IRQHandler(void)中断处理函数，并用右键菜单“Go To Definition of xxx”一路追踪下去，找到位于 stm32f1xx_hal_tim.c 文件中的 HAL_TIM_PeriodElapsedCallback(TIM_HandleTypeDef *htim)定时中断回调函数，并编写代码，如图 3.30 所示，完成本例要求的功能。

```
4285  __weak void HAL_TIM_PeriodElapsedCallback(TIM_HandleTypeDef *htim)
4286  {
4287    /* Prevent unused argument(s) compilation warning */
4288    UNUSED(htim);
4289    /* NOTE : This function Should not be modified, when the callback is needed,
4290              the __HAL_TIM_PeriodElapsedCallback could be implemented in the user file
4291     */
4292    if (htim->Instance == TIM2){
4293
4294          /* Toggle LED */
4295          HAL_GPIO_TogglePin(LED1_GPIO_Port,LED1_Pin);
4296     }
4297
4298  }
```

图 3.30　定时中断的回调函数代码

由于该回调函数同时响应多个中断源的请求，因此需要在代码中判断中断来源 htim->Instance == TIM2。

6. 编译和下载

之后的操作和普通的 MDK 项目操作完全一样，也是点击编译按钮，生成 HEX 文件，再使用串口 ISP 将 HEX 文件下载到开发板，察看实验效果，对应的指示灯 500 ms 点亮，500 ms 熄灭，实现了 1 Hz 状态翻转功能。

习题

(1) 在保持原有功能不变的情况下，再使用一个定时器控制另一个 LED 指示灯，实现 2 Hz 频率的状态翻转功能。

(2) 实验过程中遇到了哪些英文专业词汇？它们代表什么意思？请列举 5～10 个，写出它们的中英文对照。

(3) 在图 3.26 所示操作步骤中，将定时器“Counter Mode”(计数模式)配置成“Down”和“Center Aligned mode”(中央对齐)模式，观察实验现象有何不同，并解释原因。

实验十三　基于 CubeMX 的 PWM 实验

一、实验目的

(1) 掌握 CubeMX 配置定时器 PWM 功能的方法；

(2) 掌握在中断服务程序中修改脉冲占空比的方法。

二、实验设备及器件

(1) EDU-STM32 开发板一块，PC 一台；

(2) STM32CubeMX；

(3) MDK Keil μVision5 软件开发环境，STM32-ISP 串口下载软件。

三、实验内容

(1) 使用 STM32CubeMX 创建工程，配置 TIM3 定时器的 PWM 和 NVIC。

(2) 在 MDK Keil μVision5 软件开发环境下使用 HAL 库修改脉冲占空比，实现指示灯 LED3 的呼吸灯效果。

四、实验分析

1. 用定时器实现 PWM 的基本原理

用定时器实现 PWM 的基本原理如图 3.31 所示。当定时器在计数过程中的值小于

CCR寄存器中的值时，输出高电平，大于时输出低电平(与工作模式有关)，以此将CCR寄存器中的值转换为脉冲宽度。而脉冲的周期依然由定时器的时基单元中的ARR寄存器决定。

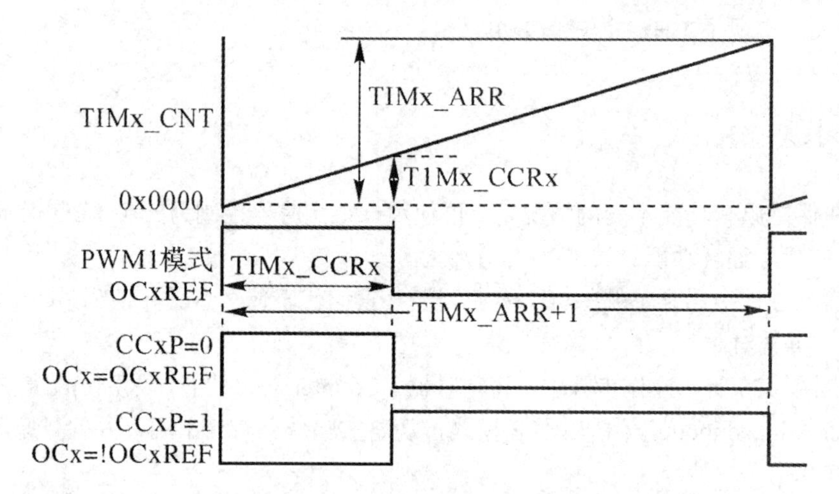

图3.31　用定时器实现PWM的基本原理

因此，由图3.31可以看出，PWM波形有两个关键参数：一个是周期，它由定时器的时基单元决定，这一点与实验十二完全一致；另一个是脉冲宽度，它由定时器比较单元中的CCR寄存器决定，修改这个值，就可以得到不同的占空比。本例的呼吸灯效果就是在每个PWM周期完成后，依次递增或递减CCR寄存器值来实现的。需要说明的是，一个定时器有多个CCR寄存器，它们存放着不同的值，在该定时器的多个PWM通道上就会形成不同的脉冲宽度输出。

2. PWM通道的选择

分析开发板原理图，连接4个LED指示灯的引脚中，如图3.32所示，只有PC6和PC7可复用为TIM3定时器的PWM通道1和通道2。本例选择PC6作为TIM3的PWM_CH1通道实现呼吸灯效果。

五、实验步骤

1. 建立一个CubeMX新工程并进行初步配置

如实验十所示步骤，新建一个CubeMX工程，配置HSE时钟为8 MHz，HCLK为72 MHz。

如图3.32所示，配置PC6引脚为“TIM3_CH1”。

如图3.33所示，在“Pinout”标签中配置TIM3的时钟源为“Internal Clock”，Channel1为“PWM Generation CH1”。由此，将在“Configuration”标签的“Control”面板上出现“TIM3”按钮，点击这个按钮后会出现如图3.34所示的界面，在其中可设置定时器的时间参数与PWM参数。

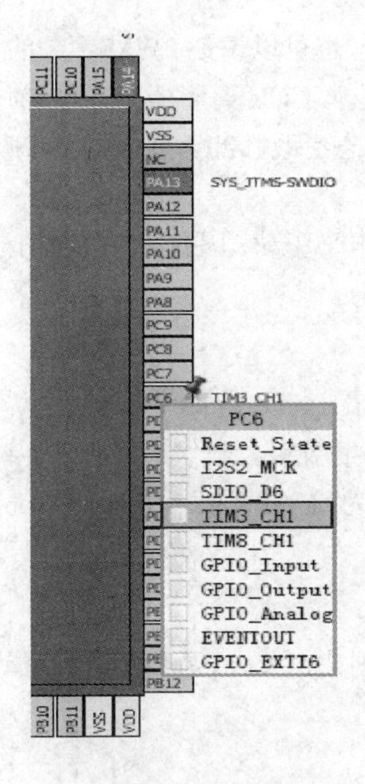

图 3.32　配置 PC6 引脚

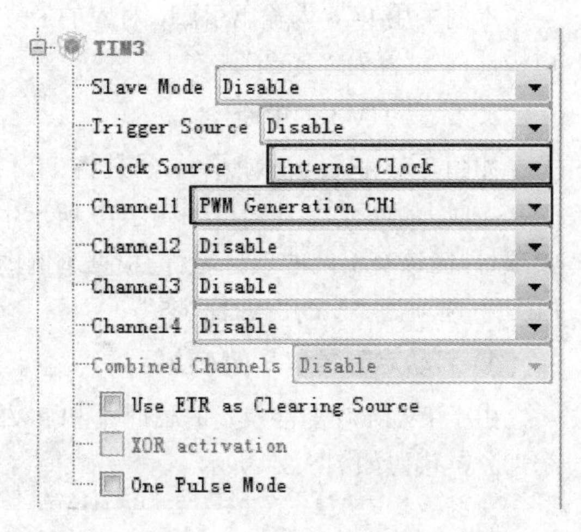

图 3.33　配置 TIM3 定时器

2. 配置 TIM3 定时器的时基与输出比较单元

如图 3.34 所示，上半部分的 2 个框中设置的是定时器的时基部分，主要是两级分频的参数，决定了 PWM 波形的频率为(72 MHz / 72 / 1000)1000 Hz。

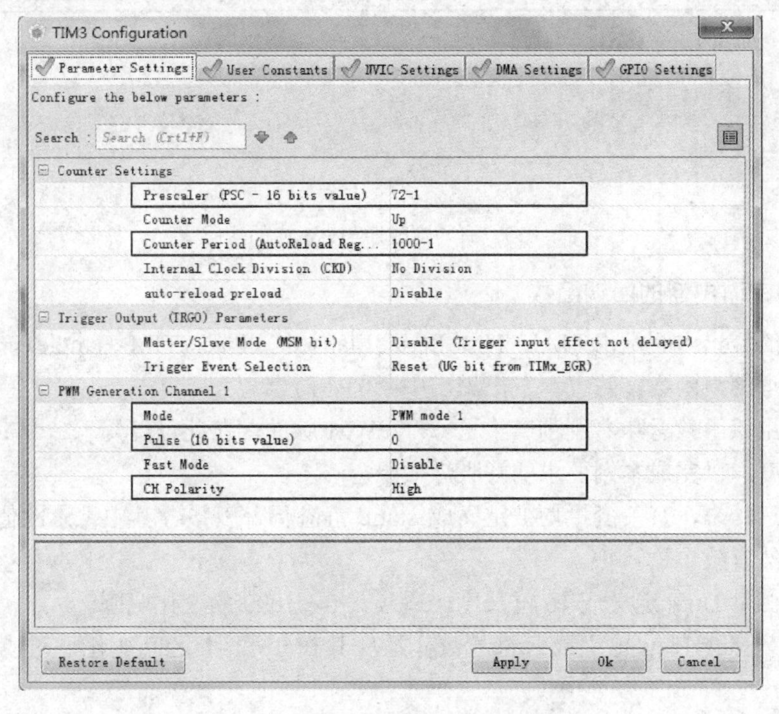

图 3.34　配置 TIM3 的 PWM 功能

下半部分的 3 个框中配置的是定时器的输出比较部分，也可以说是 PWM 部分的参数，其中的“Pulse”项表示的就是脉冲宽度，该值最终将被送入 CCR 寄存器中，与定时器中的计数值比较，以生成 PWM 波形。由于本例在后面会动态更改脉冲宽度，实现呼吸灯效果，因此，此处的设定相当于是 PWM 脉冲宽度的初值。

本例采用 PC6 为输出引脚，对应的 LED 指示灯是高电平驱动，因此“CH Polarity”(通道极性)应设置为“High”。

3. 配置 TIM3 的中断

如图 3.27 和图 3.28 所示，只是将 TIM2 换成 TIM3，配置 TIM3 的中断即可。

完成上述操作后，即可如图 3.19 所示生成源代码和项目文件。当然，这是一个新的实验项目，应该有不同的项目名称。根据本例内容，项目取名为“TimPwm”，并保证“Toolchain / IDE”选项为“MDK-ARM V5”。

4. 启动定时器和 PWM 功能

由于 PWM 功能涉及定时器时基和 PWM 两个模块，因此在 main 函数中需要启动这两个部分，代码如图 3.35 所示。

```
 99   /* Initialize all configured peripherals */
100   MX_GPIO_Init();
101   MX_TIM3_Init();
102
103   /* Initialize interrupts */
104   MX_NVIC_Init();
105   /* USER CODE BEGIN 2 */
106   HAL_TIM_Base_Start_IT(&htim3);            //启动定时器TIM3
107   HAL_TIM_PWM_Start(&htim3,TIM_CHANNEL_1);  //启动定时器TIM3的CHANNEL_1输出PWM
108
109   /* USER CODE END 2 */
110
111   /* Infinite loop */
112   /* USER CODE BEGIN WHILE */
113   while (1)
114   {
```

图 3.35　启动定时器与 PWM 的代码

5. 编写定时中断的回调函数

定时器的溢出中断是由 HAL_TIM_PeriodElapsedCallback(TIM_HandleTypeDef *htim)回调函数处理的，函数参数表示发出溢出中断的定时器。

每次调用该函数意味着刚刚产生了一个 PWM 脉冲，在此可以为下一个 PWM 脉冲增加或减少宽度，以完成本例要求的呼吸灯效果。

需要注意的是，有关变量均被定义成 static 静态局部变量，其中记录的值在下次进入该函数时仍然有效。

占空比变量 Duty 定义成 16 位长度，适应其 0～1000 的变化范围。

标志变量 dutyFlag 定义成有符号数，适应其在 1 和-1 之间变化，对应占空比增加和减少。

具体代码如图 3.36 所示。

```
4285    __weak void HAL_TIM_PeriodElapsedCallback(TIM_HandleTypeDef *htim)
4286    {
4287      /* Prevent unused argument(s) compilation warning */
4288      UNUSED(htim);
4289      /* NOTE : This function Should not be modified, when the callback is needed,
4290                the __HAL_TIM_PeriodElapsedCallback could be implemented in the user file
4291       */
4292      static uint16_t Duty = 0;
4293      static uint16_t CycleCount = 0;
4294      static int8_t  dutyFlag = 1;
4295
4296      CycleCount++;
4297      if (CycleCount >= 1000)
4298      {
4299        CycleCount = 0;
4300        dutyFlag = -dutyFlag;
4301      }
4302      __HAL_TIM_SET_COMPARE(htim, TIM_CHANNEL_1, Duty);
4303      Duty += dutyFlag;
4304    }
```

图 3.36　回调函数中修改占空比

6. 编译和下载

之后的操作和普通的 MDK 项目操作完全一样，也是点击编译按钮，生成 HEX 文件，再使用串口 ISP 将 HEX 文件下载到开发板，察看实验效果，对应的指示灯由暗逐渐变亮，再由亮转暗，实现了呼吸灯功能。

习题

(1) 在保持原有功能不变的情况下，再使用 TIM3 的 CH2 通道控制 LED2 指示灯，实现类似的呼吸灯效果。

(2) 实验过程中遇到了哪些英文专业词汇？它们代表什么意思？请列举 5～10 个，写出它们的中英文对照。

(3) 在图 3.34 所示的操作步骤中，如果将“CH Polarity”(通道极性)设置为“Low”，观察实验现象有何不同，并解释原因。

(4) 根据本例提供的有关参数，试计算呼吸灯的工作频率或周期。(以从暗到亮，再从亮转暗为一个完整周期。)

(5) 本例中，呼吸灯的亮度有多少级？在 CubeMX 中设置哪些参数可以增加呼吸灯的亮度等级？

实验十四　基于 CubeMX 的串口通信实验

一、实验目的

(1) 掌握 CubeMX 配置串口功能的方法；
(2) 掌握编写串口通信程序的基本方法；
(3) 掌握串口助手的使用方法。

二、实验设备及器件

(1) EDU-STM32 开发板一块，PC 一台；

(2) STM32CubeMX；

(3) MDK Keil μVision5 软件开发环境，STM32-ISP 串口下载软件；

(4) XCOM 串口助手。

三、实验内容

(1) 使用 STM32CubeMX 创建工程，配置 USART1。

(2) 在 MDK Keil μVision5 软件开发环境下使用 HAL 库编写串口通信程序，实现与上位机的通信。

(3) 在串口助手 XCOM 中，按表 3.1 所示命令控制 LED1～LED4 指示灯的状态。每条命令由两个字符组成，如字符串“11”表示点亮第一个指示灯，“50”或者“51”表示点亮所有的 LED，其他命令以此类推。

表 3.1　串口控制 LED 的命令表

字节	命令			
	熄灭所有 LED	点亮所有 LED	单独熄灭 LED1～LED4	单独点亮 LED1～LED4
第一字节 (First Byte)	0	5	1～4	1～4
第二字节 (Second Byte)	—	—	0	1

注：表中各字节的值是用 ASCII 码表示的字符。

四、实验分析

串口通信是最常用的通信手段，嵌入式系统中的许多模块都通过串口与 MCU 相连，如 WIFI、蓝牙等。串口通信也是最简单的通信手段，通常情况下用户只需要把数据放到发送缓冲区即可完成发送，接收时也是从接收缓冲区读取数据。

HAL 库将串口通信的发送与接收操作做了进一步封装，它不但操作接收与发送缓冲区进行收发操作，还处理了接收和发送过程中的各种信号和事务，用户不必关心其底层的操作，使得串口通信的应用得到进一步简化。

总的说来，完成串口通信需要两个步骤：一是在 CubeMX 中利用图形化方式进行串口初始化，配置波特率和数据帧格式；二是在 C 语言程序中调用 HAL 库函数完成收发操作。

HAL 库完成串口通信时有轮询、中断、DMA 三种编程模型，下面简要分析中断编程模型。

1. 以中断方式发送指定长度的数据

以中断方式发送指定长度的数据可用 HAL_UART_Transmit_IT 函数实现，其函数原型如下：

```
HAL_StatusTypeDef HAL_UART_Transmit_IT(UART_HandleTypeDef *huart, uint8_t *pData, uint16_t Size);
```

它有三个参数：UART_HandleTypeDef *huart，表示发送时使用的串口； uint8_t *pData，表示发送缓冲区指针，指向要发送的数据，通常是一个数组的名称(数组的首地址)；uint16_t Size，表示发送长度，通常使用 sizeof 算子自动计算待发送数据的字节数。

首先将这些参数传递到 HAL 库的内部数据结构，以便 HAL 库中具体负责发送的代码知道从哪个口发送、发送什么以及发送数据的数量。

然后使能串口发送中断，触发串口中断后该函数的功能就完成了，剩下的具体发送由中断服务程序完成。在 HAL 已经编写好的中断处理函数中会检查各种标志，确认状态正确后调用 UART_Transmit_IT 函数，将用户数据放入串行通信接口发送寄存器 huart->Instance->DR，依次发送直到指定的数据量发送完成。发送完成后会关闭中断允许，不再发送数据。

综上所述，中断模式下串口发送用户只需要调用 HAL_UART_Transmit_IT 函数，传入参数即可。这个函数会使能串口发送中断，但并不会实际完成数据发送过程，真正的发送过程是由中断系统完成的，因此它不会占用过多的 CPU 时间，不会阻塞程序的执行。但由于中断发送结束后会关闭中断，因此下次发送时需要再次调用 HAL_UART_Transmit_IT 函数。

一句话，要发送时就调用 HAL_UART_Transmit_IT 函数，高效而不阻塞、不等待。

2. 以中断方式接收指定长度的数据

以中断方式接收指定长度的数据可用 HAL_UART_Receive_IT 函数实现，其函数原型如下：

```
HAL_StatusTypeDef HAL_UART_Receive_IT(UART_HandleTypeDef *huart, uint8_t *pData, uint16_t Size);
```

它有三个参数：UART_HandleTypeDef *huart，表示接收时使用的串口；uint8_t *pData，表示接收缓冲区指针，通常是一个数组的名称(数组的首地址)，存放收到的数据；uint16_t Size，表示接收长度，当接收到这么多个数据时回调接收中断函数。

其工作过程与发送时非常类似，也是首先将这些参数传递到 HAL 库的内部数据结构，以便 HAL 库中具体负责发送的代码知道从哪个口接收、接收后存到哪里以及接收数据的数量。

然后使能串口接收中断，剩下的具体接收过程由中断服务程序完成。在有数据通过串口线达到时，在 HAL 已经编写好的中断处理函数中会检查各种标志，确认状态正确后调用 UART_Receive_IT 函数，将通信线路上收到的数据放入串行通信接口接收寄存器 huart->Instance->DR，依次发送直到指定的数据量接收完成。接收完成后会关闭中断允许，不再接收数据。

一句话，要接收时就调用 HAL_UART_ Receive_IT 函数，高效且不阻塞、不等待。

五、实验步骤

1. 建立一个 CubeMX 新工程并进行初步配置

如实验十所示步骤，新建一个 CubeMX 工程，配置 HSE 时钟为 8 MHz，HCLK 为

72 MHz。

配置 4 个 LED 指示灯对应的引脚状态(如图 3.37 所示)，注意使用标签。

注意 PC13 为低电平驱动，初始熄灭状态需要配置为“High”。

Pin Configuration

GPIO　RCC　SYS　USART1

Search Signals

Search (Cr...

Show only Modified Pins

Pin Name	Signal on Pin	GPIO output level	GPIO mode	GPIO Pull-up/P...	Maximum output...	User Label	Modified
PA5	n/a	Low	Output Push Pull	No pull-up and n...	Low	LED1	✓
PC6	n/a	Low	Output Push Pull	No pull-up and n...	Low	LED3	✓
PC7	n/a	Low	Output Push Pull	No pull-up and n...	Low	LED2	✓
PC13-TAMPER-RTC	n/a	High	Output Push Pull	No pull-up and n...	Low	LED4	✓

图 3.37　LED 引脚的配置

2. 配置 USART1 的工作模式

在“Pinout”页面，配置 USART1 的“Mode”(工作模式)为“Asynchronous”(异步方式)，如图 3.38 所示。

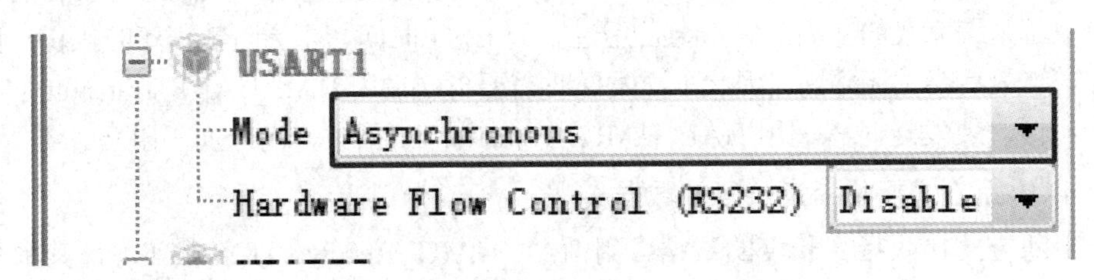

图 3.38　配置 USART1 的工作模式

3. 配置 USART1 的通信参数

如图 3.39 所示，在“Configuration”页面的“Connectivity”面板上点击“USART1”按钮，进入如图 3.40 所示的 USART1 通信参数配置界面。

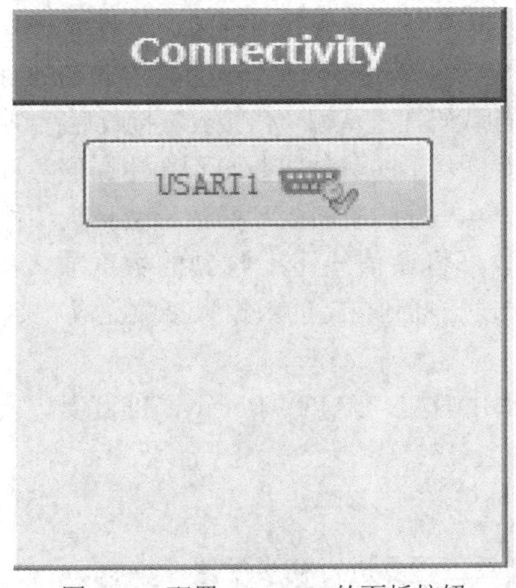

图 3.39　配置 USART1 的面板按钮

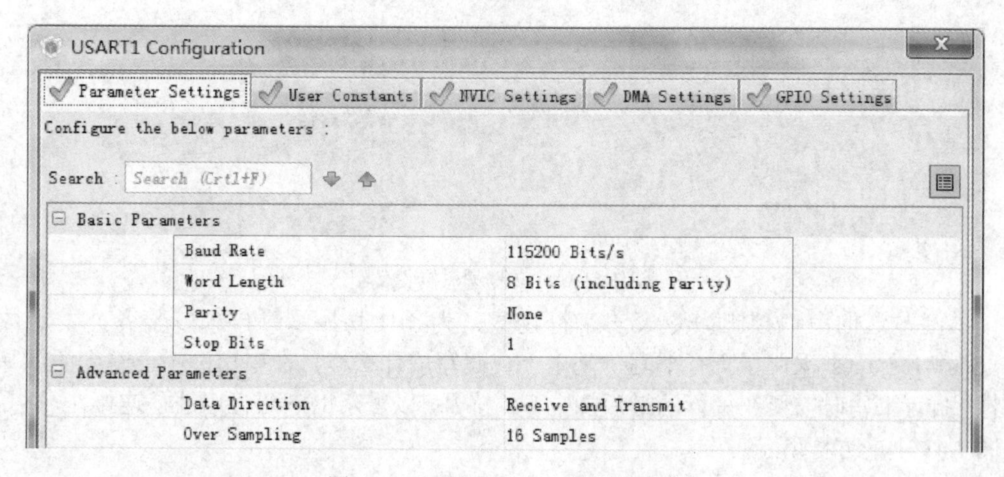

图 3.40　配置 USART1 的通信参数

按图 3.40 配置参数，即波特率为 115 200 bit/s，传输数据长度为 8 bit，奇偶检验为无，停止位为 1，其他参数默认。

4. USART1 的中断配置

如图 3.41 和图 3.42 所示，使能 USART1 中断，生成中断代码。

USART1 Configuration

Parameter Settings　User Constants　NVIC Settings　DMA Settings　GPIO Settings

Interrupt Table	Enabled	Preemption Priority	Sub Priority
USART1 global interrupt	☑	0	0

图 3.41　使能 USART1 中断

NVIC Configuration

NVIC　Code generation

Enabled interrupt table	Select for init sequence ordering	Generate IRQ handler
Non maskable interrupt	☐	☑
Hard fault interrupt	☐	☑
Memory management fault	☐	☑
Prefetch fault, memory access fault	☐	☑
Undefined instruction or illegal state	☐	☑
System service call via SWI instruction	☐	☑
Debug monitor	☐	☑
Pendable request for system service	☐	☑
Time base: System tick timer	☐	☑
USART1 global interrupt	☑	☑

Interrupt unmasking ordering table (interrupt init code is moved after all the peripheral init code)

Rank	Interrupt name
1	USART1 global interrupt

图 3.42　生成 USART1 中断代码

完成上述操作后，即可如图 3.19 所示生成源代码和项目文件。当然，这是一个新的实验项目，应该有不同的项目名称。根据本例内容，项目取名为“UsartCom”，并保证“Toolchain / IDE”选项为“MDK-ARM V5”。

5. 定义用户的串口通信数组

本例串口发送和接收的数据都用数组存储，如图 3.43 所示。

```
66  /* USER CODE BEGIN 0 */
67  uint8_t aTxStartMessages[] = "\r\n******UART Commucation Control  Table******\r\n\r\n\
68  First Byte\r\n\
69      0 - ALL OFF    5 - ALL ON\r\n\r\n\
70      1 - LED1       2 - LED2       3 - LED3       4 - LED4\r\n\r\n\
71  Second Byte\r\n\
72      0 - OFF        1 - ON";
73
74  uint8_t aRxBuffer[2];
75  /* USER CODE END 0 */
```

图 3.43　串口发送与接收数组

本例发送的串口控制命令表的字符较多，为了使其显示时排列较整齐，发送数组 aTxStartMessages 采用了折行书写，基本上代码写成什么样，在串口助手上看到的就是什么样。折行书写时需要在每行的最后加上“\”符号，以表示上下两行语法是连接在一起的，如图 3.43 中的方框所示。

命令表规定的长度是 2 个字节，因此接收数组 aRxBuffer 的长度定义为 2。

6. 编写串口数据发送与接收的程序

根据本例功能的设定，串口只需要发送一次数据，将控制命令表发送出来，因此在主循环外使用 HAL_UART_Transmit_IT 函数完成一次发送操作。

此外，还需要不断接收串口发来的数据，并据此操作有关的 LED 指示灯，因此在主循环内使用 HAL_UART_ Receive _IT 函数打开接收中断，接收串口数据。

如前所述，这两个函数只是打开中断，并不负责具体的收发工作，具体的收发工作由中断程序自动完成，所以在循环内安排的接收函数并不会对程序效率造成什么影响。

随后，根据收到的数据，控制 LED 的状态。图 3.44 所示的代码只是其中一部分，表示收到用户发出的 5 号命令，将点亮所有的 4 个 LED 指示灯。其他代码需要用户自行补充。

```
104   /* Initialize all configured peripherals */
105   MX_GPIO_Init();
106   MX_USART1_UART_Init();
107
108   /* Initialize interrupts */
109   MX_NVIC_Init();
110   /* USER CODE BEGIN 2 */
111   HAL_UART_Transmit_IT(&huart1 ,(uint8_t*)aTxStartMessages,sizeof(aTxStartMessages));
112   /* USER CODE END 2 */
113
114   /* Infinite loop */
115   /* USER CODE BEGIN WHILE */
116   while (1)
117   {
118     HAL_UART_Receive_IT(&huart1,(uint8_t*)aRxBuffer,2);
119     if(aRxBuffer[0] == '5')
120     {
121       HAL_GPIO_WritePin(LED1_GPIO_Port, LED1_Pin, GPIO_PIN_SET);
122       HAL_GPIO_WritePin(LED2_GPIO_Port, LED2_Pin, GPIO_PIN_SET);
123       HAL_GPIO_WritePin(LED3_GPIO_Port, LED3_Pin, GPIO_PIN_SET);
124       HAL_GPIO_WritePin(LED4_GPIO_Port, LED4_Pin, GPIO_PIN_RESET);
125     }
```

图 3.44　串口数据的收发与命令解析

7. 编译和下载

之后的操作和普通的 MDK 项目操作完全一样，也是点击编译按钮，生成 HEX 文件，再使用串口 ISP 将 HEX 文件下载到开发板。

8. 使用串口助手调试

打开串口助手 XCOM，如图 3.45 中的 1 号框所示，设置参数与下位机保持一致。

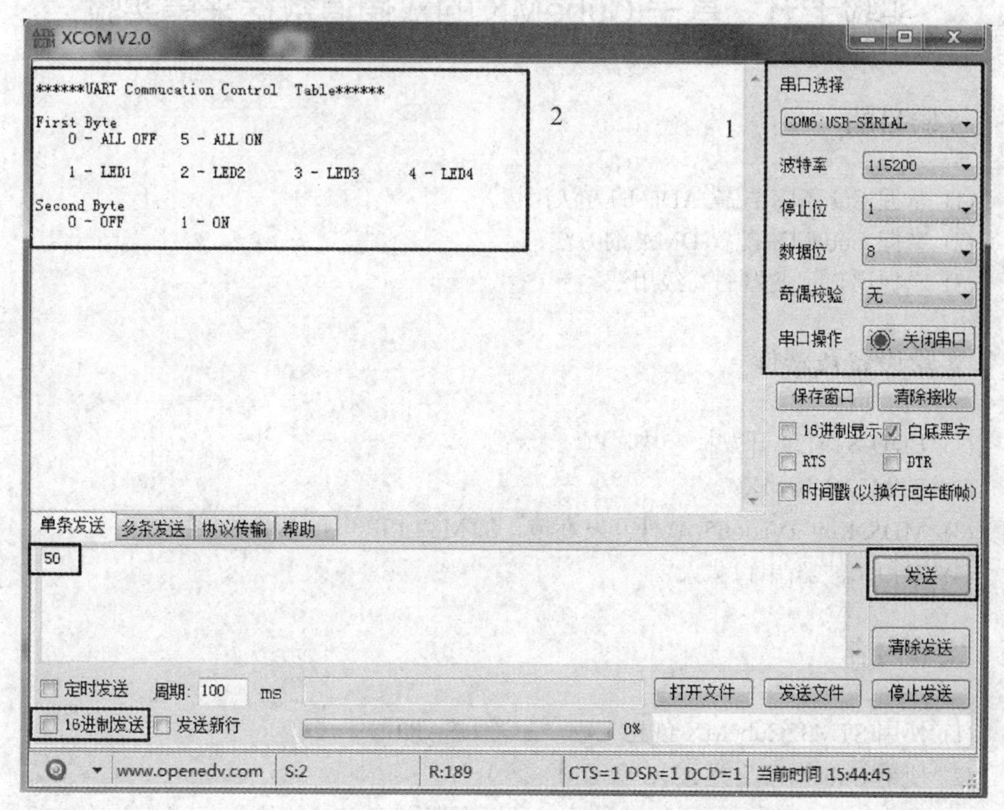

图 3.45　设置串口助手中的参数

复位开发板，如图 3.45 所示，在 2 号框处可以看到开发板通过串口发送上面的控制命令表。

在串口助手的发送区填写“50”，取消“16 进制发送”选项，表示按 ASCII 字符发送，以契合下位机中对控制命令的解析代码。最后点击“发送”按钮，可以观察到开发板上的 4 个指示灯全亮。

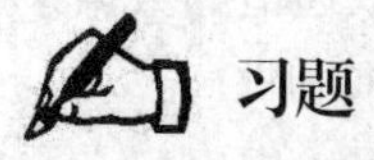

习题

(1) 实现本例控制命令表的其他命令，如用命令“11”点亮 LED1。

(2) 实验过程中遇到了哪些英文专业词汇？它们代表什么意思？请列举 5～10 个，写出它们的中英文对照。

(3) 发送数组 aTxBuffer 初始化的折行书写是如何实现的？

(4) 本例实现的串口通信控制功能较为简单，软件上没有加入校验措施，请查阅资料，为本例加入异或校验或者和校验功能，保证数据传送的可靠性。

(5) 修改程序，使用接收完成回调函数 HAL_UART_RxCpltCallback，在每次接收到控制命令后，向上位机返回字符串“OK”。

实验十五　基于 CubeMX 的双通道数据采集实验

一、实验目的

(1) 掌握 CubeMX 配置 ADC 的方法；
(2) 掌握 CubeMX 配置 DMA 的方法；
(3) 掌握串口示波器的高级用法。

二、实验设备及器件

(1) EDU-STM32 开发板一块，PC 一台；
(2) STM32CubeMX；
(3) MDK Keil μVision5 软件开发环境，STM32-ISP 串口下载软件；
(4) 串口示波器(串口猎人)。

三、实验内容

(1) 使用 STM32CubeMX 创建工程，配置 USART1。
(2) 使用 CubeMX 配置 ADC 和 DMA。
(3) 在 MDK Keil μVision5 软件开发环境下使用 HAL 库编写串口通信程序，将通过 DMA 方式获得的 A/D 转换结果送往串口。
(4) 在上位机上配置好串口猎人，将串口收到的数据按图形化方式显示出来。

四、实验分析

本例中 A/D 转换是自动连续进行的，数据传送由 DMA 硬件完成，在 CubeMX 中完成初始化生成代码后，用户仅仅需要编写一条 A/D 启动触发代码，就可完成双通道的数据采集工作。这充分体现了 STM32 CPU 强大的功能和 CubeMX 图形化工具的便利性。

基于实验十四，把得到的 12 位 A/D 转换结果分拆到 nTxMessages 数组，由串口送至上位机。

上位机使用的串口猎人是一款功能强大的可定制使用的串口调试软件，它不仅能完成一般串口助手接收、发送数据的功能，还提供高级接收和高级发送功能，从数据流中辨析数据帧格式，提取出数据信息，将物理数据转换成有用的信息，并提供曲线图、柱状图和码表图等方式显示某个用户通道的信息流，让用户可以直观察看下位机发过来的信息。

本例使用串口猎人软件的柱状图来观察下位机 A/D 值的变化情况。

五、实验步骤

1. 建立一个 CubeMX 新工程并进行初步配置

如实验十所示步骤，新建一个 CubeMX 工程，配置 HSE 时钟为 8 MHz，HCLK 为 72 MHz。

如实验十四所示步骤，配置好 USART1 的串行通信，参数保持不变，即波特率为 115 200 bit/s，传输数据长度为 8 bit，奇偶检验为无，停止位为 1，其他参数默认。

2. 选择 ADC 通道

本例中使用一个外部电压通道和一个芯片内的温度传感器通道进行双通道数据采集。

查阅开发板原理图，PC4 外接了一个电位器调压，对应 ADC1 的 IN14 通道。在 CubeMX 的“Pinout”页面，选择“Peripherals”(外围设备)下的 ADC1，如图 3.46 所示，勾选 IN14 通道和 Temperature Sensor Channel 通道，其余保持不变。

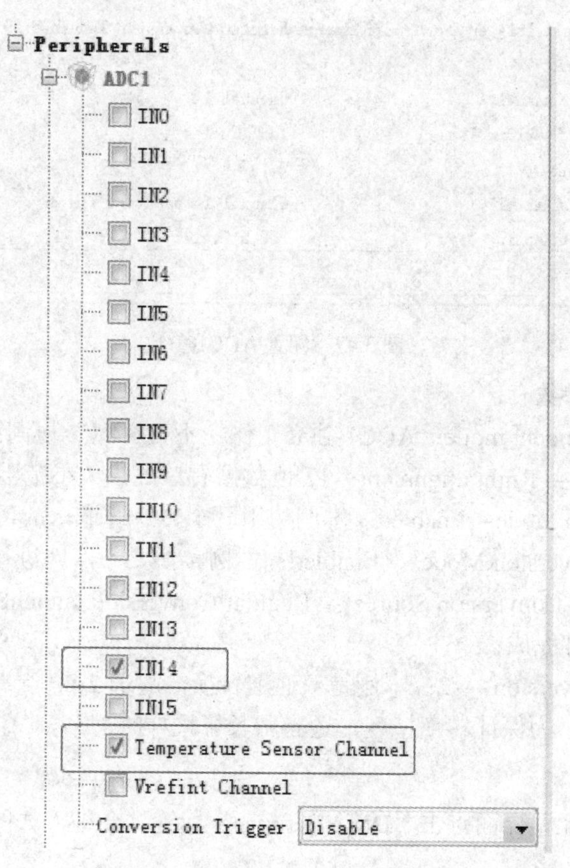

图 3.46　选择 ADC1 的 IN14 通道

3. 配置 ADC 参数

在“Configuration”页面的“Analog”面板上点击“ADC1”按钮，进入如图 3.47 所示的 ADC1 参数配置界面。

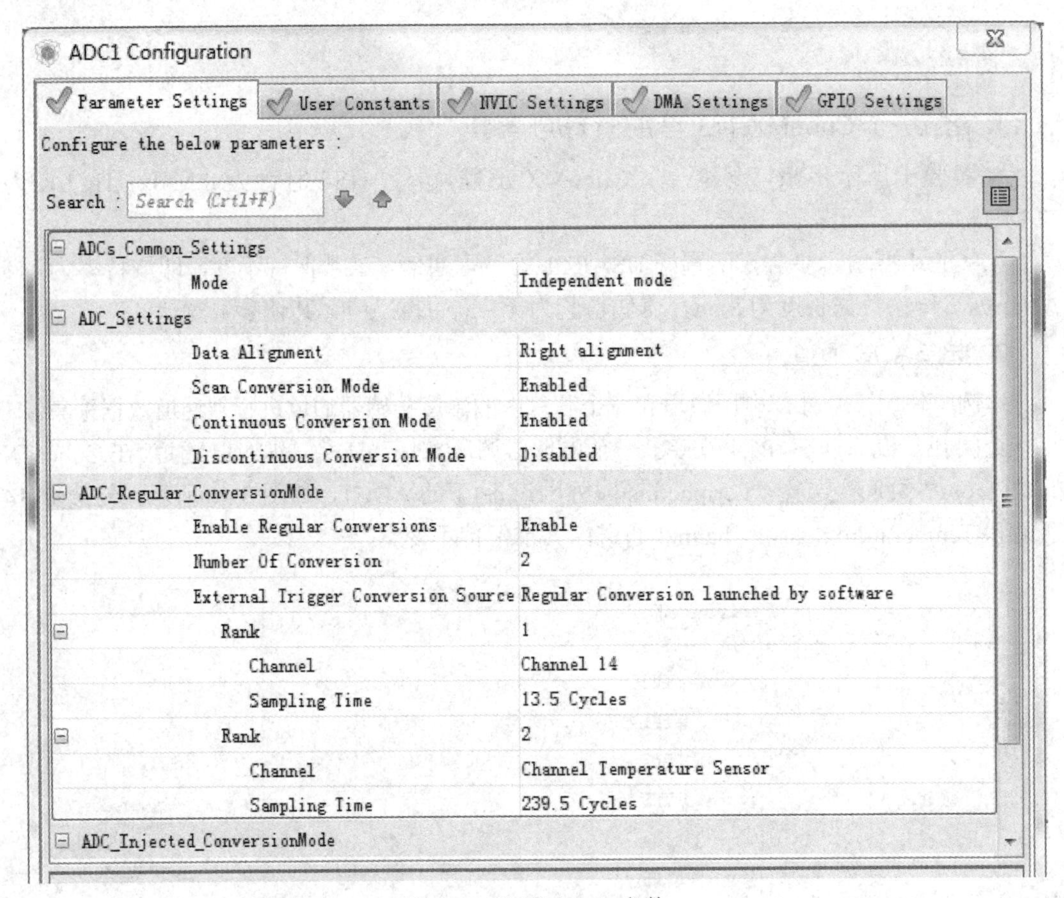

图 3.47　配置 ADC1 参数

该界面的主要参数有：

Mode — Independent mode：ADC1 独立工作，不与 ADC2 协同；

Data Alignment — Right alignment：12 位数据右对齐，大小范围为 0～4095；

Scan Conversion Mode—Enabled：本例使用两个转换通道，故使能扫描模式；

Continuous Conversion Mode — Enabled：本例转换要不停地进行，故使能连续模式；

External Trigger Conversion Source — Regular Conversion launched by software：A/D 转换的启动触发由软件完成；

Number Of Conversion — 2：本例是双通道转换，故选 2；

Sampling Time：为保证转换精度，适当增长了采样时间。

4. 配置 DMA

在 ADC1 参数配置界面点击“DMA Settings”标签，会进入如图 3.48 所示的 DMA 参数配置界面。

点击“Add”按钮，为“DMA Request”栏添加“ADC1”；将“Mode”设置为“Circular”，表示将不停地循环进行 DMA 传输；勾选“Increment Address”选项，因为本例是将双通道 ADC 的转换结果以 DMA 方式传输给一个数组变量，所以外设固定不变，内存地址递增；将“Data Width”设置为“Word”，是为了和后面的 HAL 库程序配合。

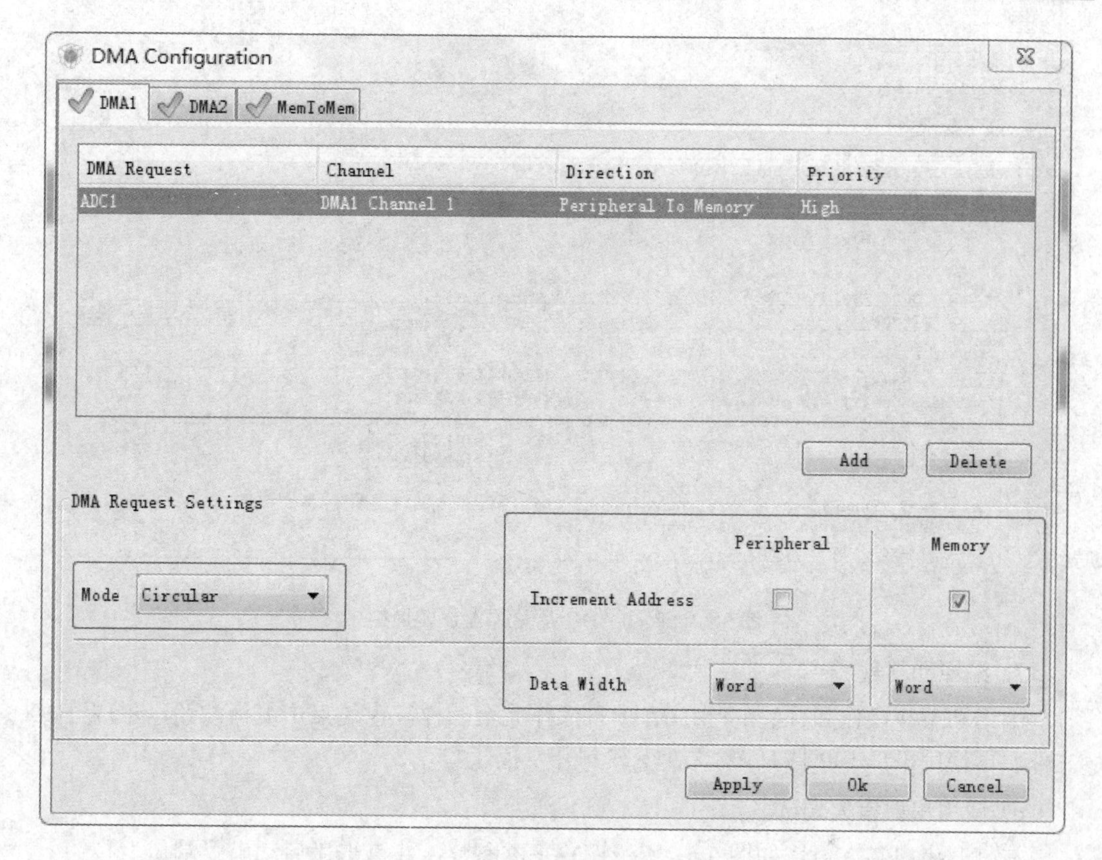

图 3.48　为 ADC1 配置 DMA 参数

5. 生成源代码和项目文件

完成上述操作后，即可如图 3.19 所示生成源代码和项目文件。当然，这是一个新的实验项目，应该有不同的项目名称。根据本例内容，项目取名为“DAQ2”，并保证“Toolchain / IDE”选项为“MDK-ARM V5”。

6. 编写代码

由于采用了 DMA 方式，数据的传送基本由硬件完成，因此需要编写的代码并不多，主要是定义数据，启动 ADC 和 DMA，再将转换结果通过串口发送出来。

如图 3.49 所示，定义用于保存 A/D 转换结果的数组和发送缓冲区。

```
70  /* USER CODE BEGIN 0 */
71  uint32_t nAdcValue[2];        //A/D转换结果
72  uint8_t  nTxMessages[4];      //串口发送缓冲
73  /* USER CODE END 0 */
```

图 3.49　定义变量

按图 3.50 所示，添加 ADC 校准代码，添加 ADC 的 DMA 启动代码，并在主循环中解析转换结果，将其通过串口发送出去。

```
102    /* Initialize all configured peripherals */
103    MX_GPIO_Init();
104    MX_DMA_Init();
105    MX_ADC1_Init();
106    MX_USART1_UART_Init();
107    /* USER CODE BEGIN 2 */
108    HAL_ADCEx_Calibration_Start(&hadc1);      //校准ADC,清除转换偏差
109    HAL_ADC_Start_DMA(&hadc1,nAdcValue,2);    //启动ADC的DMA转换
110
111    /* USER CODE END 2 */
112
113    /* Infinite loop */
114    /* USER CODE BEGIN WHILE */
115    int chipTemp;                             //定义一个临时变量,用于存放以摄氏度表示的芯片温度
116    while (1)
117    {
118      nTxMessages[0] = nAdcValue[0] & 0xff;     //取电压通道的低8位
119      nTxMessages[1] = nAdcValue[0] >> 8;       //取电压通道的高8位
120      chipTemp = (1430- nAdcValue[1]*3300 / 4095)/4.3 + 25;//芯片温度由数字量转换为摄氏度
121      nTxMessages[2] = chipTemp & 0xff;         //取电压通道的低8位
122      nTxMessages[3] = chipTemp >> 8;           //取电压通道的高8位
123
124      HAL_UART_Transmit_IT(&huart1,nTxMessages,4);//发送采集的双通数据,每通道2字节,共4字节
125      HAL_GPIO_TogglePin(LED_GPIO_Port,LED_Pin);
126      HAL_Delay(100);
127    /* USER CODE END WHILE */
```

图 3.50　启动 ADC 及发送 A/D 转换结果

7. 编译和下载

编译和下载操作和普通的 MDK 项目操作完全一样，也是点击编译按钮，生成 HEX 文件，再使用串口 ISP 将 HEX 文件下载到开发板。

8. 使用串口猎人调试

在打开串口猎人后，如图 3.51 所示设置基本参数，并点击“启动串行端口”按钮。

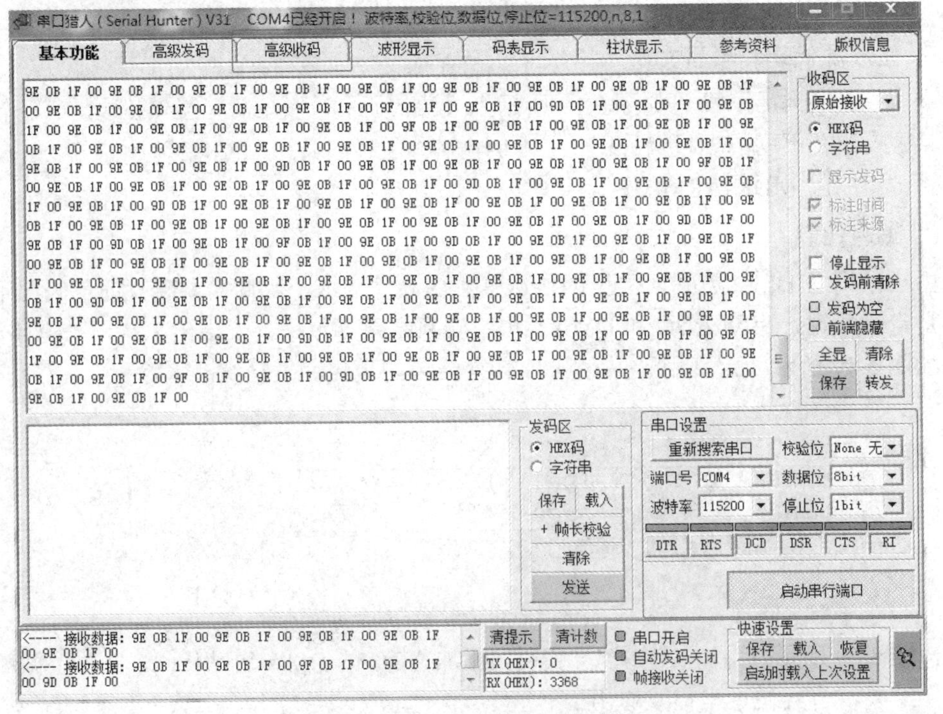

图 3.51　串口猎人基本参数设置

再点击“高级收码”标签进入高级收码设置界面，如图 3.52 所示设置参数。设置完成后点击“启动高级收码”按钮。再点击 “柱状显示”标签进入如图 3.53 所示界面，以图形化方式查看串口猎人收到的数据。由于各台计算机情况不同，串口的端口号可能不是图中的“COM4”，用户应根据实际情况设置。

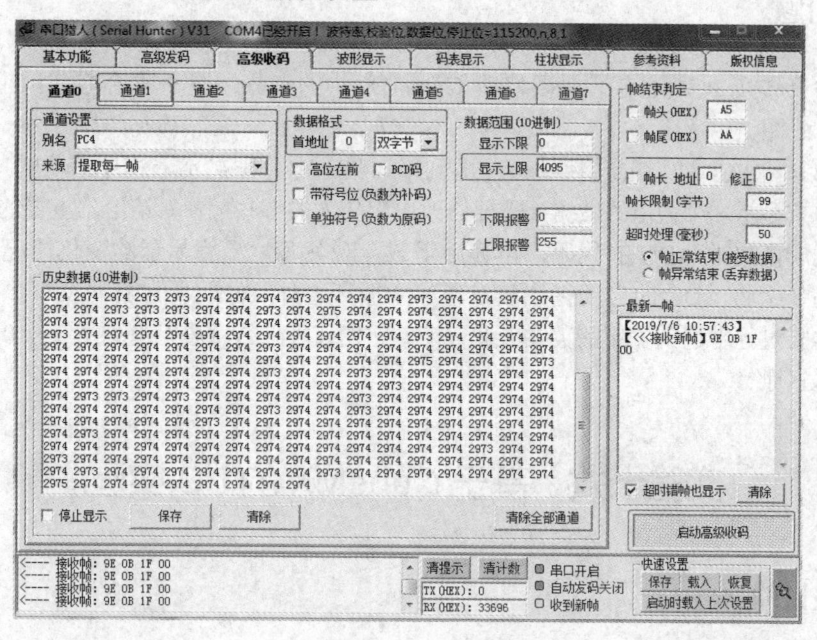

图 3.52　串口猎人高级收码设置

本例是双通道数据采集，因此还需要点击“通道 1”标签，仿照图 3.52 设置芯片温度通道的高级收码功能。与图 3.52 类似，只需将“数据格式”中的“首地址”设置为“2”，“显示上限”设置为“100”即可。

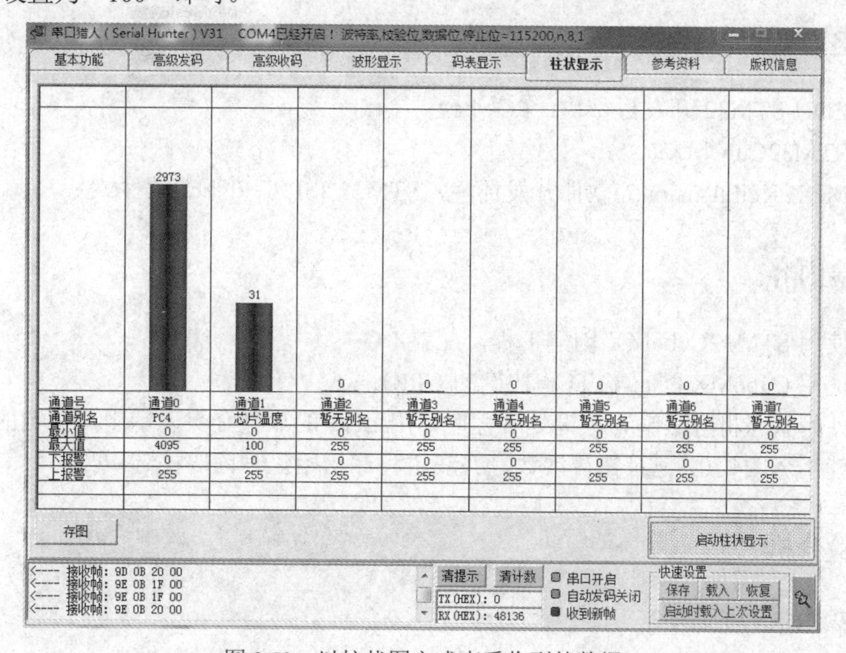

图 3.53　以柱状图方式查看收到的数据

转动开发板上电位器的旋钮，用电吹风加热芯片，可以看见柱状图大小随之发生变化。当然，用户也可以使用“波形显示”“码表显示”页面显示收到的数据。

习题

(1) 如只转换 PC4 通道，需要修改 CubeMX 中的哪些配置？请给出主要的 ADC1 和 DMA 配置截图。

(2) 如只将 PC4 通道的转换结果传送到串口猎人上分别显示，程序需要哪些修改？

(3) 如只显示一个通道的数据，需要修改串口猎人的哪些配置？请给出主要的配置截图。

(4) 试屏蔽校准 ADC 的代码，再编译下载，观察芯片温度显示的变化情况。

(5) 为什么将 ADC 的启动指令放在程序主循环之外？

(6) 实验过程中遇到了哪些英文专业词汇？它们代表什么意思？请列举 5～10 个，写出它们的中英文对照。

实验十六　基于 CubeMX 的 I^2C 实验

一、实验目的

(1) 掌握 CubeMX 配置 I^2C 的方法；

(2) 掌握按键消抖的方法；

(3) 掌握状态机的基本用法。

二、实验设备及器件

(1) EDU-STM32 开发板一块，PC 一台；

(2) STM32CubeMX；

(3) MDK Keil μVision5 软件开发环境，STM32-ISP 串口下载软件。

三、实验内容

(1) 使用 STM32CubeMX 创建工程，配置 I^2C；

(2) 使用 CubeMX 配置 LED 和按键的 GPIO；

(3) 使用状态机方法编写按键处理程序，用 LED 的点亮个数表示用户按键的次数；

(4) 使用 AT24C02 记录按键次数，并在主程序初始化时读取按键次数。

四、实验分析

1. 按键的抖动及消抖

如图 3.54 所示，按键采用机械弹性开关，由于弹性作用，在机械触点闭合及断开的瞬间均伴随有一连串的抖动，此即按键的抖动。

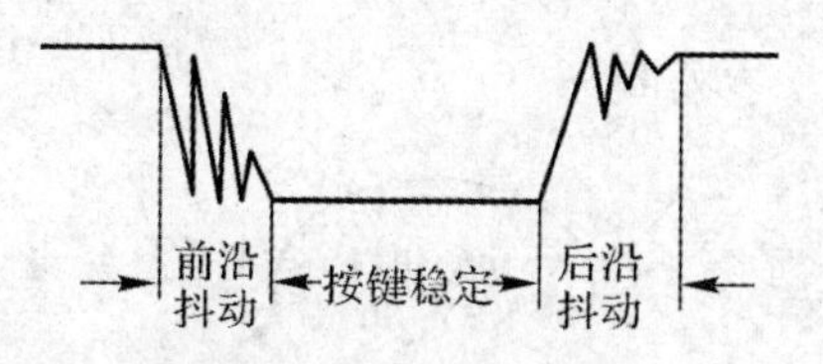

图 3.54　按键的机械抖动

按键抖动时间的长短由按键的机械特性决定，一般为 5 ms～10 ms。按键稳定闭合时间的长短则是由操作人员的按键动作决定的，一般为零点几秒至数秒。按键的抖动会引起一次按键被误读多次。为确保 CPU 对键的一次闭合仅作一次处理，必须去除按键的抖动。

按键消抖有硬件和软件两种方法，其中软件方法较为常用。其基本思想就是，必须连续检测到按键处于闭合稳定状态，就图 3.54 而言，就是要连续在按键引脚上检测到若干次的低电平，才认为是一次有效按键。如果在检测过程中发现任何一次为高电平，就会认为按键在抖动过程中不是一次有效按键。

2. 用状态机方法检测按键

根据上面的思路，可以画出常规的按键消抖流程图，如图 3.55 所示。这里介绍一种新的按键检测方法——基于状态机的按键检测。相比于流程图方法，状态机方法概念清晰，意义明确直观，更容易处理较复杂的程序逻辑问题。

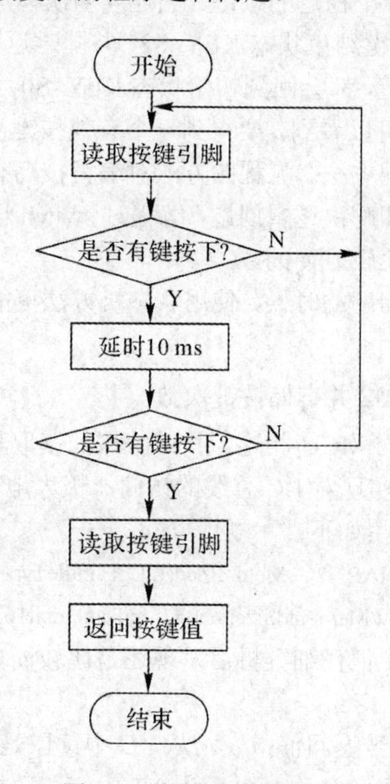

图 3.55　按键消抖流程图

图 3.56 是用状态机表现的按键消抖流程。图中共有三个状态用椭圆表示，箭头线表示

了各状态之间迁移的条件，以及在状态迁移时需要完成的动作。当然有些动作也可以在某个状态下执行。

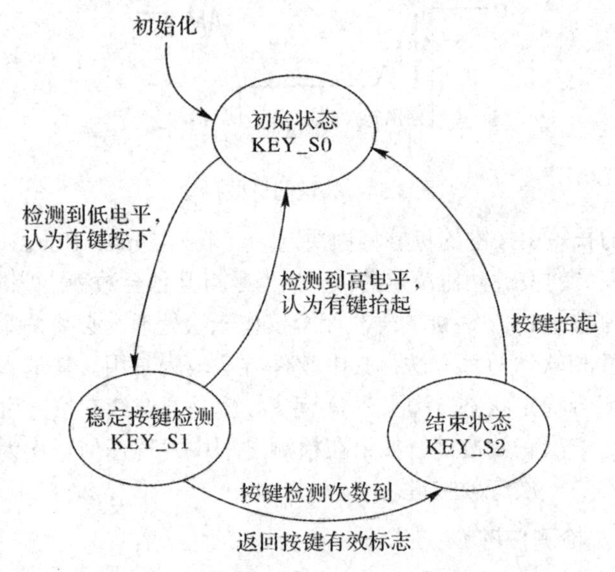

图 3.56　按键消抖的状态机

初始化时，首先进入初始状态 KEY_S0。当检测到有键按下时，进入 KEY_S1 状态，进行连续检测，看其是否是一个稳定的按键。当连续多次检测的结果一致时，则判定为稳定按键操作 KEY_S1，转入按键结束状态 KEY_S2，并同时返回按键有效标志。在 KEY_S1 或 KEY_S2 状态只要抬起按键，都会回到初始状态 KEY_S0，为下一次按键检测做好准备。

对比图 3.55 和图 3.56，可以看到，要得到一个有效按键需经过稳定按键检测环节，因此它们是实现相同目标的不同方法。流程图方法对编程技巧有一定的要求，而状态机方法则有一套固定的方法来分析和解决逻辑问题，编程时 switch 语句与各状态有较好的对应关系，因此状态机的实现也是比较方便的。

在遇到一些比较复杂的问题的时候，使用状态机方法可能会比流程图方法更加清晰有效，不容易出错。

3. 利用 I^2C 访问 AT24C02 并存储按键次数

AT24C02 通过 I^2C 总线与 MCU 相连，按键数据的读取与存储都是通过 I^2C 总线完成的。HAL 提供了相应的函数实现对 I^2C 总线的访问，极大地简化了 I^2C 总线操作。

读取 I^2C 的 HAL 函数原型如下：

```
HAL_StatusTypeDef   HAL_I2C_Mem_Read(I2C_HandleTypeDef *hi2c, uint16_t DevAddress,
uint16_t MemAddress, uint16_t MemAddSize, uint8_t *pData, uint16_t Size, uint32_t Timeout)
```

此函数原型看起来十分复杂，但仔细分析后发现还是比较简单的，它主要需要用户提供完成 I^2C 访问的必要参数：

HAL_StatusTypeDef：函数返回值，表示从 I^2C 中读取是否成功；

HAL_I²C_Mem_Read：函数名称，表示从 I^2C 中读取数据到内存单元；

I²C_HandleTypeDef *hi2c：参数 1，表示 I^2C 设备句柄，即通过哪个 I^2C 访问；

uint16_t　DevAddress：参数 2，表示 I^2C 的地址，AT24C02 的地址为 0xA0(由 4 bit 器

件码 + 3 位(A2A1A0)片选地址码组成，本例原理图中 3 位(A2A1A0)片选地址码接地，全为 0)；

uint16_t MemAddress：参数 3，表示内部存储单元的地址；

uint16_t MemAddSize：参数 4，表示存储器地址大小，即一个地址是存放 8 位还是 16 位数据；

uint8_t *pData：参数 5，表示存放 I^2C 访问结果的内存单元首地址；

uint16_t Size：参数 6，表示读取数据的总量；

uint32_t Timeout：参数 7，表示超时参数，即 I^2C 操作允许的持续时间。

读取 I^2C 的 HAL 函数实例如下：

```
HAL_I2C_Mem_Read(&hi2c1, 0xA0, 0, I2C_MEMADD_SIZE_8BIT, &nKeyCnt, 1, 0xff);
```

其功能是：从&hi2c1(I2C1 设备)的设备地址为 0xA0 的 0 号存储单元访问 1 个 8 位数据，将结果放到变量 nKeyCnt 中，最长操作时间为 0xff。

写入 I^2C 的 HAL 函数与读取差不多，具体可参考后面的程序编写部分。

五、实验步骤

1. 建立一个 CubeMX 新工程并进行初步配置

如实验十所示步骤，新建一个 CubeMX 工程，配置 HSE 时钟为 8 MHz，HCLK 为 72 MHz。

配置 4 个 LED 指示灯和 1 个按键对应的引脚状态(如图 3.57 所示)，注意使用标签。

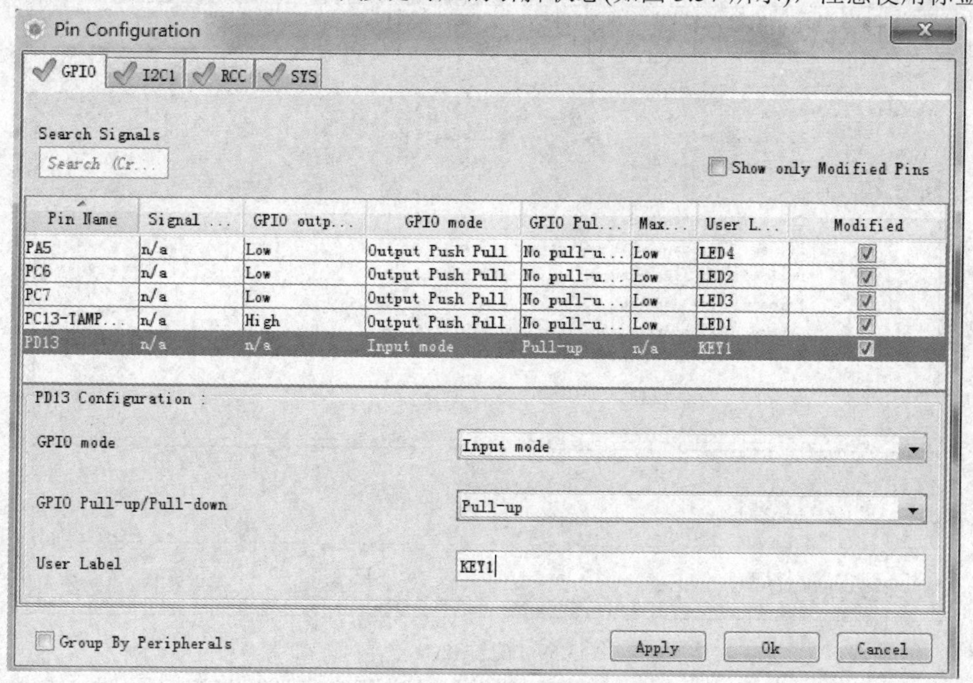

图 3.57　LED 与按键引脚的配置

注意 PC13 为低电平驱动，初始熄灭状态需要配置为“High”；按键引脚配置为“Pull-up”(上拉输入)。

2. 配置 I^2C 的工作模式

查阅开发板原理图，AT24C02 接于 PB6 与 PB7 引脚上，对应 I2C1，在 CubeMX 的“Pinout”页面选择“Peripherals”(外围设备)I2C1，如图 3.58 所示，选择 I2C1 工作于“I2C”模式。

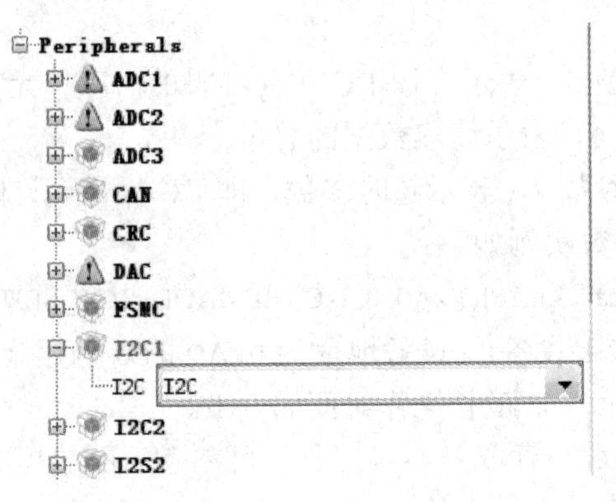

图 3.58　配置 I2C1 的工作模式

3. 配置 I2C1 参数

在“Configuration”页面的“Connectivity”面板上点击“I2C1”按钮，进入如图 3.59 所示的 I2C1 参数配置界面。

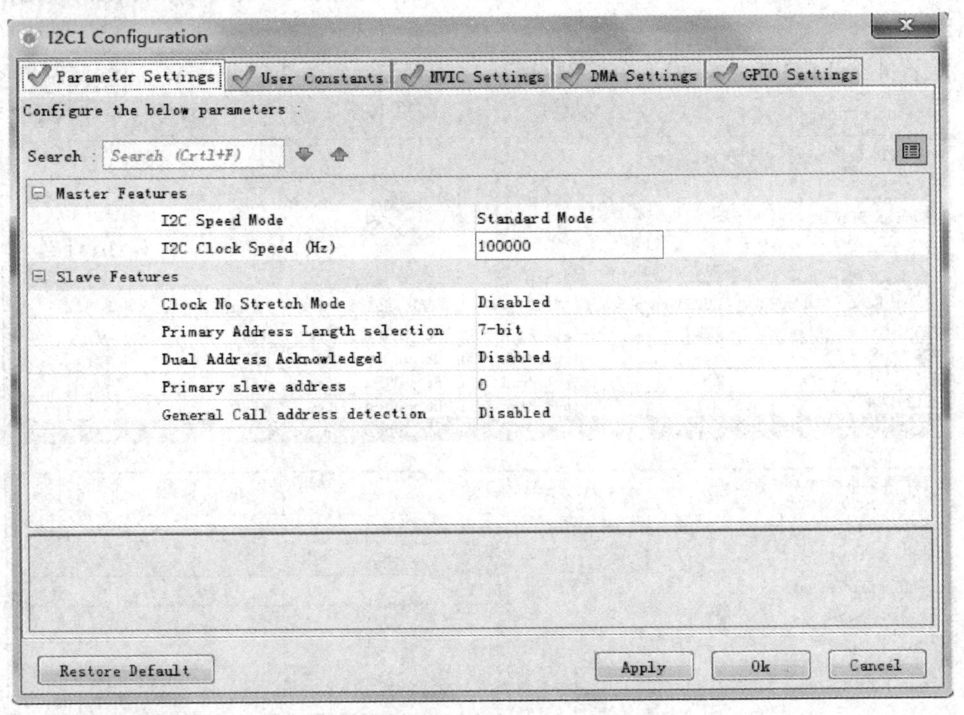

图 3.59　配置 I2C1 参数

I2C1 参数的配置比较简单，特别要注意时钟速度不能配置得太高，要根据 I^2C 总线上器件的工作速度来确定，选择时钟速度为 100 kHz 即 100 000 Hz 比较合适，其他参数按默认值即可。

4. 生成源代码和项目文件

完成上述操作后，即可如图 3.19 所示生成源代码和项目文件。当然，这是一个新的实验项目，应该有不同的项目名称。根据本例内容，项目取名为“I2C”，并保证“Toolchain / IDE”选项为“MDK-ARM V5”。

5. 编写代码

1) 状态的宏定义

代码如图 3.60 所示。

```
43  /* USER CODE BEGIN Includes */
44  #define KEY_S0 0
45  #define KEY_S1 1
46  #define KEY_S2 2
47
48  #define KEY_FILTER_TIME 10000 //按键去抖时间
49  /* USER CODE END Includes */
```

图 3.60　状态的宏定义

2) 按键扫描函数的声明

代码如图 3.61 所示。

```
64  /* USER CODE BEGIN PFP */
65  /* Private function prototypes ----------------
66  uint8_t keyScan(void);
67  /* USER CODE END PFP */
```

图 3.61　按键扫描函数的声明

3) 按键扫描函数的实现

代码如图 3.62 所示。

```
303  uint8_t keyScan(void)
304  {
305    static uint8_t nKeyStates = KEY_S0;
306    static uint32_t keyTime = 0;
307    uint8_t bKeyPressd=0;
308    uint8_t bKeyReturn = 0;
309
310    bKeyPressd = !HAL_GPIO_ReadPin(KEY4_GPIO_Port,KEY4_Pin);
311    switch(nKeyStates)
312    {
313      case KEY_S0:                    //按键初态
314        if(bKeyPressd)
315          nKeyStates = KEY_S1;        //有键按下，转下一状态
316        break;
317      case KEY_S1:                    //有键按下
318        if(bKeyPressd){
319          if(++keyTime > KEY_FILTER_TIME){
320            bKeyReturn = 1;           //确认有键按下，返回1
321            nKeyStates = KEY_S2;      //转换下一状态，等待按键释放
322            keyTime = 0;
323          }
324        }
325        else{
326          nKeyStates = KEY_S0;        //按键已经释放，转换到初态
327          keyTime = 0;
328        }
329        break;
330      case KEY_S2:
331        if(!bKeyPressd)
332          nKeyStates = KEY_S0;
333    }
334    return bKeyReturn;
335  }
```

图 3.62　按键扫描函数的实现

从上面的程序可以看到，使用 nKeyStates 变量表示当前处于的状态，在 switch 语句中的每一个 case 分支对应着一个状态。如果条件满足，变量 nKeyStates 就会被赋予下一个状态的值，在下一次调用本函数时进入新的状态。这样，状态的转换和需要执行的动作就非常清楚了。以后如果状态机的数量增多，只需要增加 case 分支即可；如果状态转换关系发生变化，也只需要根据实际情况在该状态下重新给 nKeyStates 赋新值就可以了，整个程序的结构不会发生大的变化，保持了程序结构的稳定和清晰。

4) 按键次数的读取

使用 HAL 库函数 HAL_I2C_Mem_Read 完成按键次数的读取，以 I2C1 总线访问地址为 0xA0 的 AT24C02 的 0 号地址单元，访问结果送入变量 nKeyCnt 中；如果访问失败，则 nKeyCnt 赋值为 0。代码如图 3.63 所示。

```
101    /* Initialize all configured peripherals */
102    MX_GPIO_Init();
103    MX_I2C1_Init();
104    /* USER CODE BEGIN 2 */
105    if(HAL_I2C_Mem_Read(&hi2c1, 0xA0, 0, I2C_MEMADD_SIZE_8BIT, &nKeyCnt, 1,0xff) != HAL_OK)
106      nKeyCnt = 0;
107    /* USER CODE END 2 */
```

图 3.63　按键次数的读取

5) 按键次数的存储

当检测到用户有按键操作时，调用 HAL 库函数 HAL_I2C_Mem_Write 完成按键次数的存储，将变量 nKeyCnt 的值通过 I2C1 总线送入地址为 0xA0 的 AT24C02 的 0 号地址单元。代码如图 3.64 所示。

```
110    /* USER CODE BEGIN WHILE */
111    while (1)
112    {
113      if(keyScan())
114      {
115        nKeyCnt++;
116        HAL_I2C_Mem_Write(&hi2c1, 0XA0,0,I2C_MEMADD_SIZE_8BIT,&nKeyCnt,1,0xff);
117      }
118
119      if(nKeyCnt > 5)
120        nKeyCnt = 1;
121
122      switch(nKeyCnt)
123      {
124        case 0:
125          HAL_GPIO_TogglePin(LED1_GPIO_Port,LED1_Pin);
126          HAL_Delay(100);
127          break;
128
129        case 1:
130          HAL_GPIO_WritePin(LED1_GPIO_Port,LED1_Pin,GPIO_PIN_SET);        //熄灭所有LED
131          HAL_GPIO_WritePin(LED2_GPIO_Port,LED2_Pin,GPIO_PIN_RESET);
132          HAL_GPIO_WritePin(LED3_GPIO_Port,LED3_Pin,GPIO_PIN_RESET);
133          HAL_GPIO_WritePin(LED4_GPIO_Port,LED4_Pin,GPIO_PIN_RESET);
134          break;
```

图 3.64　按键次数的存储

后面的 switch 语句，根据按键的次数点亮 LED 指示灯，并以此循环：

nKeyCnt = 0 时，表示 I^2C 读取 AT24C02 失败，LED1 闪烁；

nKeyCnt = 1 时，熄灭所有 LED；

nKeyCnt = 2 时，只点亮 LED1，其余熄灭；

nKeyCnt = 3 时，只点亮 LED1 和 LED2，其余熄灭；

nKeyCnt = 4 时，只点亮 LED1、LED2 和 LED3，LED4 熄灭；

nKeyCnt = 5 时，点亮所有 LED；

由于篇幅限制，没有给出所有代码，余下的 nKeyCnt = 2～5 的代码，请用户自行补齐。

6. 编译和下载

之后的操作和普通的 MDK 项目操作完全一样，也是点击编译按钮，生成 HEX 文件，再使用串口 ISP 将 HEX 文件下载到开发板。

7. 查看实验现象

不断按下 PD13 引脚对应的按键，可以看到 LED1～LED4 依次被点亮，点亮的 LED 个数与按键次数相对应。

记住当前点亮 LED 的个数，将开发板断电后再上电，发现开发板初始状态点亮的个数跟刚才断电前是一样的，说明按键次数被正确地存放于 AT24C02 中，并被正确读取。

AT24C02 的这种数据存储能力在单片机系统中常用于保存一些重要的控制参数，断电时参数不丢失，重新上电时，这些参数又被原样恢复，避免用户每次上电都重新设置参数。

习题

(1) 图 3.56 表示的按键去抖状态机并不完整：

KEY_S0 状态：没有表明该状态下按键抬起时应如何动作或转换状态；

KEY_S1 状态：没有表明该状态下稳定按键时间未到时应如何动作或转换状态；

KEY_S2 状态：没有表明该状态下按键按下时应如何动作或转换状态。

请在图 3.56 的基础上将以上三个方面补充完整。

(2) 请重新设计一个状态机，当用户长时间按键不松时，能产生连续的按键输出。并编程实现。

(3) 如何将一个 16 位的数据存入 AT24C02 中？请编程实现。

(4) 如何将一个 16 位的数据从 AT24C02 中读出？请编程实现。

(5) 实验过程中遇到了哪些英文专业词汇？它们代表什么意思？请列举 5～10 个，写出它们的中英文对照。

实验十七　基于 CubeMX 的 FreeRTOS 实验

一、实验目的

(1) 了解嵌入式操作系统的基本概念；

(2) 掌握 CubeMX 下应用 FreeRTOS 的方法。

二、实验设备及器件

(1) EDU-STM32 开发板一块，PC 一台；
(2) STM32CubeMX；
(3) MDK Keil μVision5 软件开发环境，STM32-ISP 串口下载软件。

三、实验内容

(1) 使用 STM32CubeMX 创建工程，配置 LED；
(2) 使用 CubeMX 配置 FreeRTOS；
(3) 在 MDK Keil μVision5 软件开发环境下使用 HAL 库编写 FreeRTOS 的任务。

四、实验分析

当前 MCU 的性能正呈现出快速增长的趋势，ST 推出的 STM32H7 系列微控制器其内核工作频率已经达到 400 MHz。另外，MCU 上集成的功能部件也越来越多，有些已经集成了浮点运算单元(FPU)和存储器管理单元(MPU)，这些变化使得 MCU 不只是面向底层的简单的应用。而随着应用的增多，开发的规模变大，裸机开发会越来越吃力。使用操作系统搭建起结构稳定、高效合理的应用程序框架，管理 MCU 的各类资源，调度好各种用户任务，使得开发人员的精力聚集在用户业务，将是越来越现实的选择。

由于 MCU 功能用途的定位，对操作系统往往有如下要求：

(1) 实时。任何动作的完成时间是可以预估的，能够保证用户对快速性的要求。

(2) 免费。当前许多嵌入式操作系统在商业应用时都会收取费用，有的费用还不低。在一个产品开发的初级阶段，在市场前景不明朗的情况下，人们更愿意选用免费的东西，以避免开发产品的风险。

(3) 资源。这个资源不是指操作系统官方的资源，而是指来自市场中第三方的资源，有了这些资源，用户可最大限度地利用他人的资源做好自己的事情。丰富的资源实际上意味着这款操作系统有巨大的市场占有率。

(4) 精练。虽然 MCU 的性能和各种功能单元已经有了大幅的提升，但总的来讲它还是一个资源受限的系统，因此在其上运行的操作系统必须是短小精悍的，不能消耗太多的硬件资源。

FreeRTOS 就是满足上面所有要求的一个产品。STM32CubeMX 选择 FreeRTOS 作为默认的操作系统。ST 还对 FreeRTOS 进行了一系列的封装，操作系统的移植、裁剪配置、初始化等工作都以图形化的方式完成，用户点点鼠标就可以完成比较复杂的工作，进一步提升了它的易用性，大大提高了开发效率。用户在 FreeRTOS 的支持下可编写出结构稳定、逻辑清晰的代码，提高了开发工作的质量。

五、实验步骤

1. 建立一个 CubeMX 新工程并进行初步配置

如实验十所示步骤，新建一个 CubeMX 工程，配置 HSE 时钟为 8 MHz，HCLK 为 72 MHz。

配置两个 LED 指示灯的引脚为输出状态，注意分别使用标签“LED1”和“LED2”。

2. 使能 FreeRTOS

在 CubeMX 的“Pinout”页面中选择“MiddleWares”(中间件)下的“FREERTOS”，勾选“Enabled”，如图 3.65 所示。

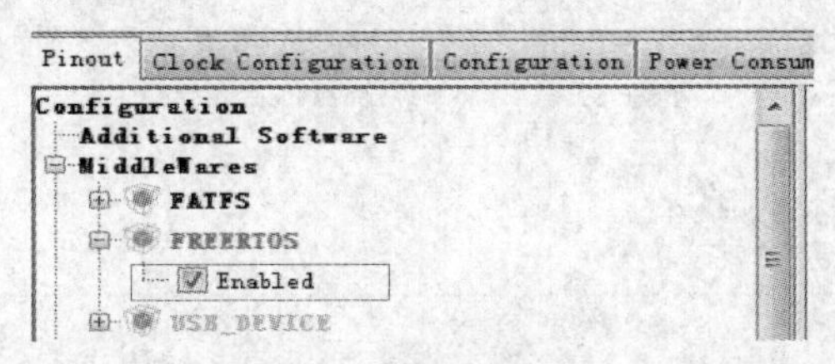

图 3.65　使能 FreeRTOS

FreeRTOS 会使用系统的 SysTick 滴答定时器做系统调度的时间节拍，这与 HAL 库的延时函数的时基发生冲突，因此需要为 HAL 库重新安排一个延时函数的时基。如图 3.66 所示，在“Pinout”页面中将“SYS”下的“Timebase Source”设置为“TIM4”，将其作为 HAL 库延时函数的时基。

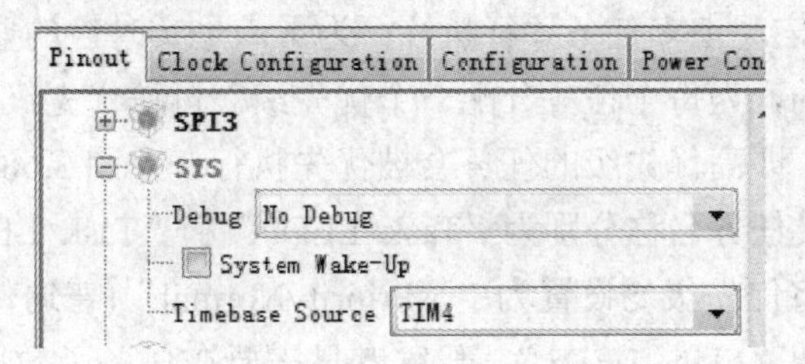

图 3.66　选择 HAL 库延时函数的时基

3. 配置 FreeRTOS

完成上面的配置后，在“Configuration”页面的“Middlewares”面板上将出现一个“FREERTOS”按钮，如图 3.67 所示。

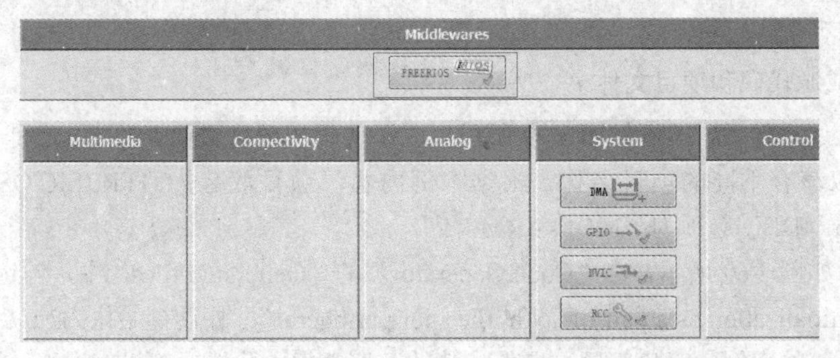

图 3.67　Middlewares 面板上的“FREERTOS”按钮

点击图 3.67 中的“FREERTOS”按钮进入如图 3.68 所示的 FreeRTOS 配置界面。

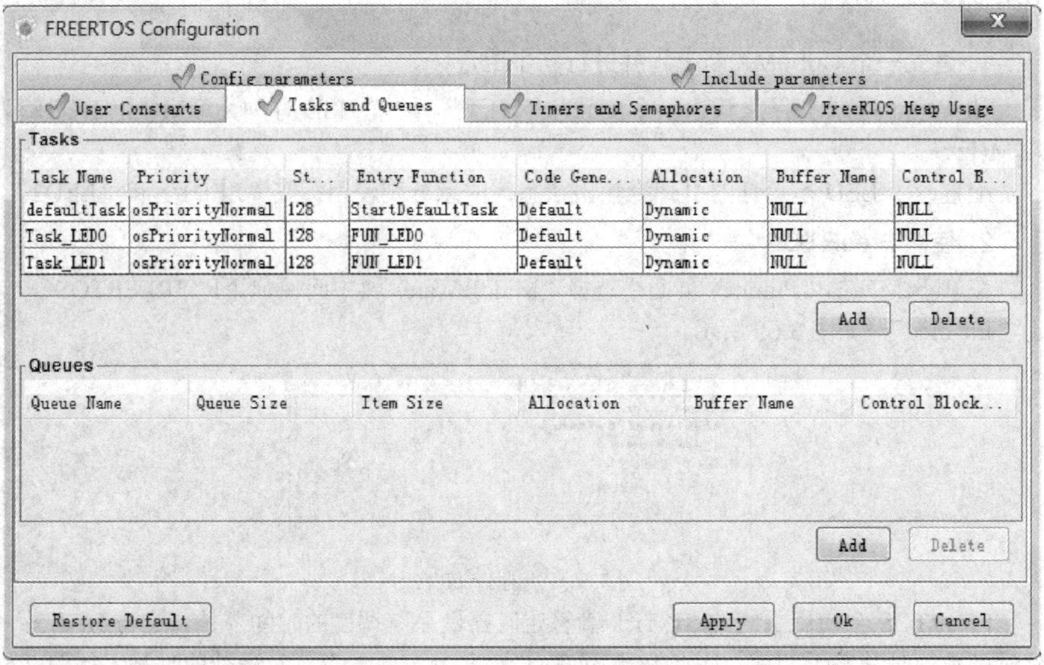

图 3.68　为 FreeRTOS 添加任务

CPU 是计算机最主要的资源，操作系统通过任务调度方式管理 CPU，为每个任务分配 CPU 时间片，使得宏观上多任务并行执行。为了满足实时性的要求，FreeRTOS 的任务调度被设计成可预测的，为每个任务分配一个优先级，再按优先级高低调度任务，是一个可剥夺式的任务调度，即高优先级的任务会被优先执行。在图 3.68 中点击“Add”按钮可以增加一个任务，定义任务名称分别为“Task_LED0”和“Task_LED1”，本例对优先级没有什么特殊的要求，将优先级均设置为“osPriorityNormal”(普通优先级)，并规定任务函数为“FUN_LED0”和“FUN_LED1”，开发者只需要在任务函数中编写代码实体，至于其他的操作系统移植、任务初始化代码和任务调度代码这些流程化的工作由系统自动生成。系统的归系统，用户的归用户，概念清晰，方便高效。

一个操作系统要完成的工作是比较多的，要管理的资源也不止 CPU 一种，因此图 3.68 中还有其他许多的选项和标签，可以进行更多的设置，这里不做更多的解释，读者可查阅资料，自行研究。

4. 生成源代码和项目文件

完成上述操作后，即可如图 3.19 所示生成源代码和项目文件。当然，这是一个新的实验项目，应该有不同的项目名称。根据本例内容，项目取名为“FREERTOS”，并保证“Toolchain / IDE”选项为“MDK-ARM V5”。

另外，如图 3.69 所示，在“Code Generator”的“Generated files”中，勾选“Generate peripheral initialization as a pair of '.c/.h' files per peripheral”，外设初始化为独立的.c 文件和头文件。之前的案例从简化问题与操作步骤的角度考虑，此选项都没有选择。这里选择后

就不会将所有代码都生成在 main.c 文件中，更加符合模块化编程的思想。

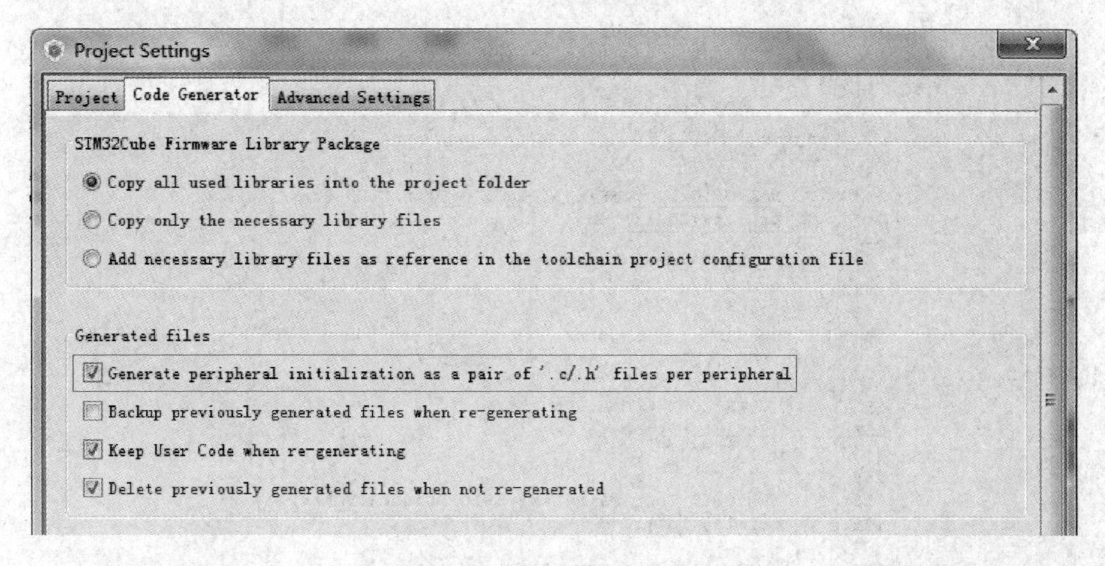

图 3.69　生成独立的外设初始化文件

5. 编写代码

打开生成的项目文件，可以在 main.c 文件中的看见系统自动生成的 FreeRTOS 的初始化函数和 FreeRTOS 的任务调度启动(Start scheduler)函数，如图 3.70 所示。

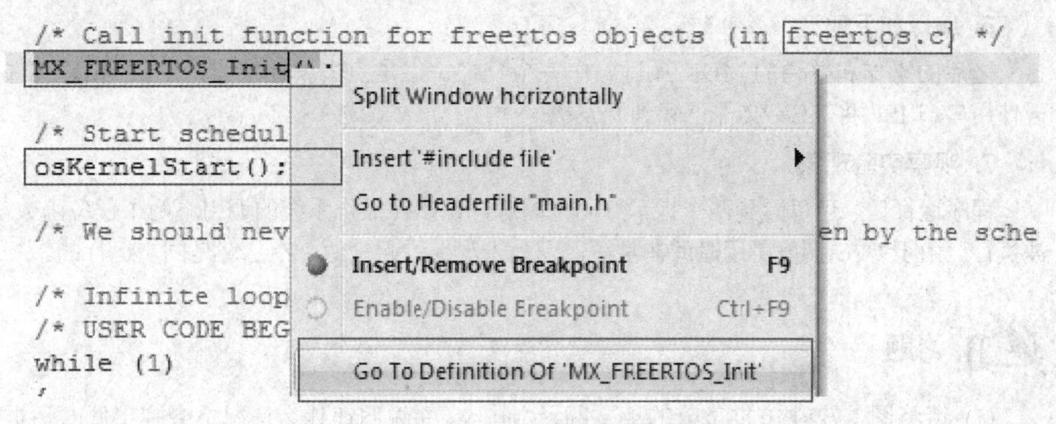

图 3.70　FreeRTOS 代码的简要分析

由于上一步选择了独立的外设文件，因此 FreeRTOS 的代码将放在另一个文件“freertos.c”中，如图 3.70 右上的框所示，需要开发者编写的任务函数“FUN_LED0”和“FUN_LED1”也在这个文件中。

项目编译后，通过点击右键菜单“Go To Definition Of 'MX_FREERTOS_Init'”可以快速打开文件“freertos.c”；找到任务函数“FUN_LED0”和“FUN_LED1”后填写代码，如图 3.71 所示。

观察系统自动生成的任务代码部分，可以发现每个任务函数中都是一个永真循环，可以理解为每个任务函数都认为自己是独占 CPU，当然在操作系统的调度下，它们实际上是独占了 CPU 的一个时间片断，相当于一个虚拟的 CPU。

```
135  /* FUN_LED0 function */
136  void FUN_LED0(void const * argument)
137  {
138    /* USER CODE BEGIN FUN_LED0 */
139    /* Infinite loop */
140    for(;;)
141    {
142      HAL_GPIO_TogglePin(LED1_GPIO_Port,LED1_Pin);
143      osDelay(200);
144    }
145    /* USER CODE END FUN_LED0 */
146  }
147
148  /* FUN_LED1 function */
149  void FUN_LED1(void const * argument)
150  {
151    /* USER CODE BEGIN FUN_LED1 */
152    /* Infinite loop */
153    for(;;)
154    {
155      HAL_GPIO_TogglePin(LED2_GPIO_Port,LED2_Pin);
156      osDelay(200);
157    }
158    /* USER CODE END FUN_LED1 */
159  }
```

图 3.71　编写任务函数

最后，需要提醒的是，在“freertos.c”文件中使用 HAL 库，需要包含有关的头文件。本例使用了 GPIO 的 HAL 库函数，因此需要在文件的前部添加#include "gpio.h"代码。

6. 编译和下载

之后的操作和普通的 MDK 项目操作完全一样，也是点击编译按钮，生成 HEX 文件，再使用串口 ISP 将 HEX 文件下载到开发板。

7. 观察实验现象

程序运行后，可以看到两个指示灯同步闪烁，说明在操作系统的调用下两个任务函数都被执行。由于 CPU 调度所用时间非常短，因此宏观上看起来两个指示灯是同步运行的。

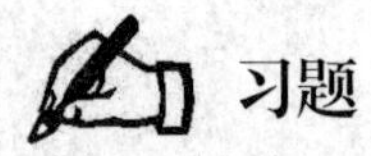

习题

(1) 请将图 3.72 中方框部分的英文翻译成中文，并说明在什么情况下会弹出此对话框，以及如何处理。

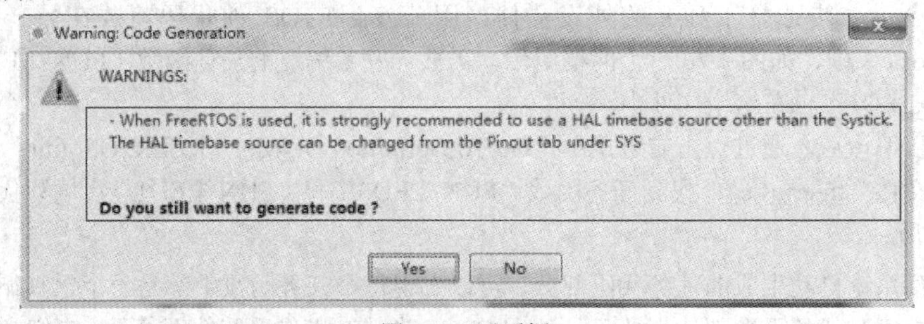

图 3.72　对话框

(2) 实验过程中遇到了哪些英文专业词汇？它们代表什么意思？请列举 5～10 个，写出它们的中英文对照。

(3) 屏蔽 FUN_LED0 函数中的 osDelay 函数，会发生什么实验现象？试从任务调度角度加以解释。

(4) 将 FUN_LED0 和 FUN_LED1 函数中的 osDelay(200)换成 HAL_Delay(200)，再编译下载，观察实验现象，并解释原因。

(5) 在上一题的基础上，将“Task_LED1”任务的优先级设置为“osPriorityRealtime”后，再编译下载，观察实验现象，并解释原因。

第 4 章　计算机温度闭环控制系统综合性实验

随着计算机技术的快速发展，计算机控制相比常规模拟控制表现出了巨大的优势，人们越来越多地使用计算机来实现控制系统。计算机控制系统是以计算机为控制核心，结合网络与通信技术、检测传感技术和显示技术等实现的。人们利用这些技术可以完成常规控制技术无法完成的任务，达到常规控制无法实现的性能指标。

4.1　计算机控制系统概述

4.1.1　计算机控制系统的特点

除替代常规模拟控制系统外，计算机控制系统呈现出了更为强大的功能特点。

(1) 控制系统功能由软件实现。

用软件实现控制系统功能的方法灵活多样，改动方便。不同控制系统的实现或控制方案的修改可能只需修改程序、重新组态即可。软件还可以实现硬件无法完成的复杂控制算法，使控制过程达到最优。同时由于计算机是数字化设备，因此它还具备控制精度高、抑制扰动能力强的特点。

(2) 有强大的网络通信功能，更适合大规模控制的要求。

常规模拟控制基本上采用一对一的控制方式，随着生产规模的扩大，模拟控制盘会越来越长，而计算机采用分时操作，用一台计算机就可以代替许多台常规仪表控制，并且在网络通信技术的帮助下，许多台计算机可以组成分布式控制系统(DCS，Distributed Control System)，实现多达几十万点的控制任务。

通过网络实现数据和信息共享，能使操作人员及时了解生产情况，改变生产控制和经营策略，实现更高层次的最优控制。

(3) 有丰富的显示和操作方式，大大方便人们的操作使用。

计算机的显示和操作方式十分丰富。计算机为用户提供了友好的人机界面(UI，User Interface)，人们无论是在中央控制室的操作台上，还是在现场，都可以通过计算机方便地察看和操作整个控制系统。

(4) 有强大的管理功能，能实现管控一体化。

计算机的存储系统可以存放海量的数据，在实时数据库(RTDB，Real Time DataBase)系统的支持下，记录系统运行过程中的每一点信息，为寻找新的控制规律、查找事故原因、核算产量和工作量提供方便。

通过管控一体化，还可以充分利用企业内、外部的各种信息，综合企业生产过程中人、技术、经营管理三要素，有机集成并优化，以使人员健康(Health)、生产过程安全(Safety)、环境(Environment)良好，以及产品上市快、质量好、成本低、服务优，达到提高企业市场竞争能力的目的。

4.1.2　计算机控制系统的工作原理与组成

1. 计算机控制系统的工作原理

图 4.1 所示为基于偏差的单回路常规控制系统原理框图。控制器输入偏差信息，经过模拟电路的运算，形成一个输出量，使得被控量稳定、准确、快速地达到给定值的要求。

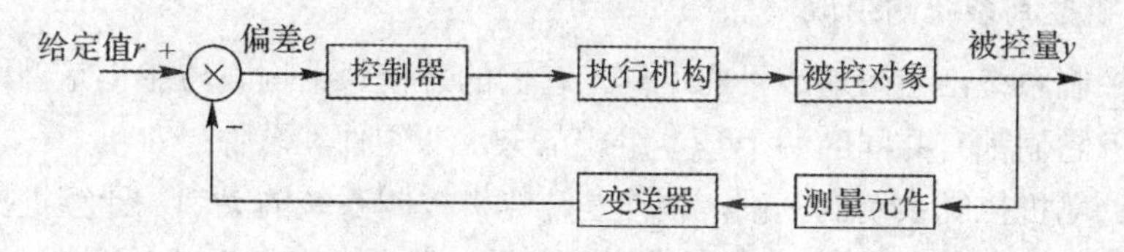

图 4.1　常规控制系统原理框图

图 4.2 所示为计算机控制系统原理框图。计算机控制系统与常规控制系统的结构很相似，只是控制器是由计算机来实现的。这种控制系统被称为直接数字控制系统(DDC，Direct Digital Control)。

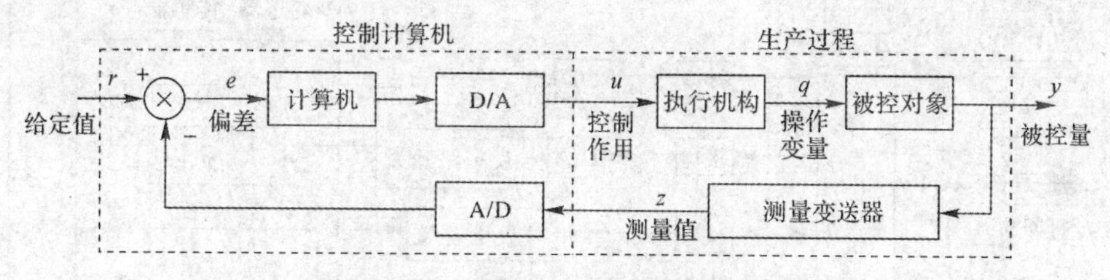

图 4.2　计算机控制系统原理框图

在计算机控制系统中，由于输入和输出是数字信号，因此需要有 A/D 转换器和 D/A 转换器。从本质上看，计算机控制系统的工作过程可归纳为以下三个步骤，如图 4.3 所示。

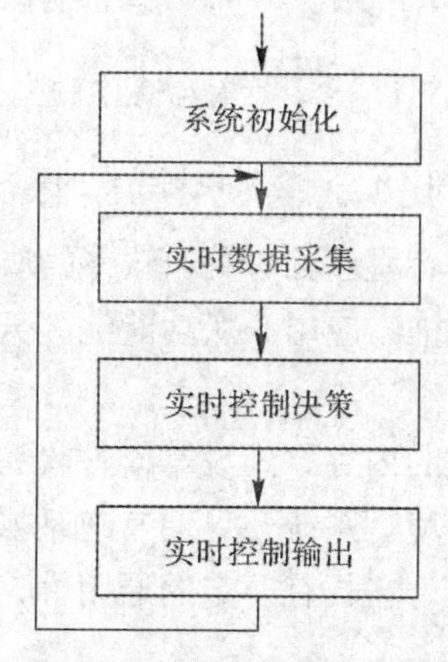

图 4.3　计算机控制系统的工作过程

(1) 实时数据采集：对来自测量变送器的被控量的瞬时值进行检测和输入。

(2) 实时控制决策：对采集到的被控量进行分析和处理，并按已定的控制规律，决定将要采取的控制行为。

(3) 实时控制输出：根据控制决策，实时地对执行机构发出控制信号，完成控制任务。

上述过程不断重复，使整个系统按照一定的品质指标进行工作，并对被控量和设备本身的异常现象及时做出处理。

所谓实时(RT，Real Time)，是指信号的输入、计算和输出都要在一定的时间范围内完成，亦即计算机对输入信息以足够快的速度进行控制，超出了这个时间，就失去了控制的时机，控制也就失去了意义。这个时间范围的大小跟被控对象联系非常紧密，不同的被控对象，对时间范围的要求不同，如发酵过程和导弹防御系统对时间的要求差距非常大。

2. 计算机控制系统的组成

计算机控制系统由于用途或目的不同，它们的规模、结构、功能和完善程度可以有很大的差别，但它们都有共同的两个基本组成部分，即硬件和软件。

硬件是计算机控制系统的基础，软件是计算机控制系统的灵魂。计算机控制系统通过各种接口与生产过程发生联系，并对生产过程进行数据处理和控制。

计算机控制系统的硬件是指计算机本身及其外部设备，其主要由主机、通用外部设备(包括操作台)、通信接口、接口电路、输入/输出通道、检测与执行机构等组成，如图4.4所示。

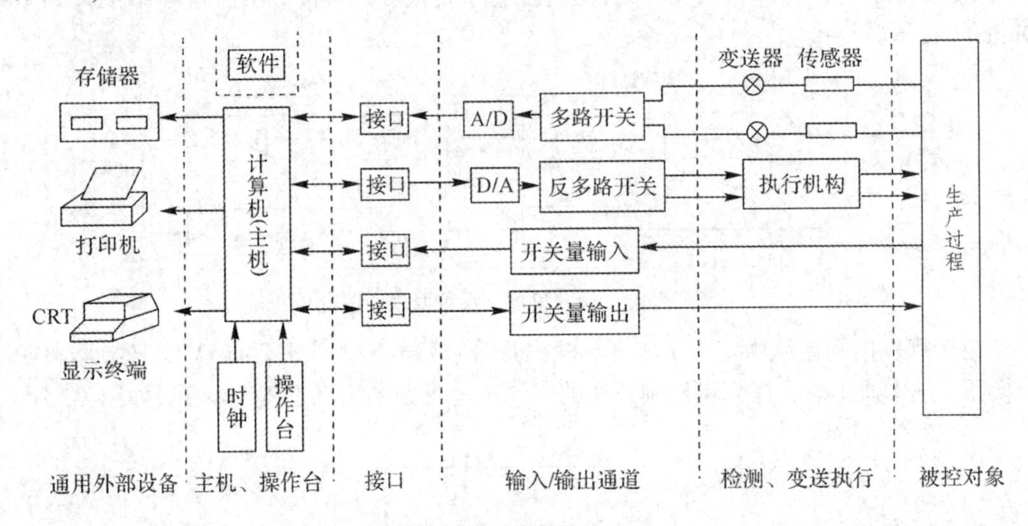

图4.4　计算机控制系统的组成

软件是指计算机中使用的所有程序的总称。软件的质量关系到计算机运行和控制效果的好坏、硬件功能的充分发挥和推广应用。从功能上区分，计算机控制系统的软件通常又可分为系统软件和应用软件。

系统软件是用来管理计算机的内存、外设等硬件设备，方便用户使用计算的软件，它提供了计算运行和管理的基本环境。系统软件通常包括操作系统、语言加工系统、数据库系统、通信网络软件和诊断系统。它具有一定的通用性，一般不需要用户来编程实现，只需用户掌握使用方法。

应用软件是用户为了完成特定的任务而编写的各种程序的总称，包括控制程序、数据采集及处理程序、巡回检测程序和数据管理程序等。

4.1.3　常用的计算机控制系统主机

在计算机控制系统中，可编程控制器、分布式控制系统、工控机、智能调节器、单片机、数字信号处理器等都是常用的控制器，以适应不同的要求。在实际工程中，选择何种控制器，应根据不同的控制规模、工艺要求和控制特点来确定。

1. 可编程控制器(PC/PLC，Programmable Logic Controller)

可编程控制器是一种专为工业环境下应用而设计的计算机控制器。可编程控制器及其有关的外部设备都按易于与工业控制系统联成一个整体、易于扩充的原则设计。因此，可编程控制器具有可靠性高、编程简单、功能完善、扩展灵活、安装调试方便的特点。可编程控制器不仅在顺序程序控制领域中具有优势，而且在运动控制、过程控制、网络通信领域方面也有应用。

2. 分布式控制系统(DCS)

DCS 在国内又称为集散控制系统。它是一个由过程控制级和过程监控级组成的以通信网络为纽带的多级计算机系统，综合了计算机(Computer)、通信(Communication)、显示(CRT)和控制(Control)等 4C 技术，其基本思想是分散控制、集中操作、分级管理、配置灵活、组态方便。它将现场控制分散化，减少了一处故障影响全体的可能性；它又将监视管理集中化，即将全部情况都显示在一个控制室或屏幕上，少数人在一个地方即可监控管理整个生产过程。

首先，DCS 的基础和核心是网络系统。其次，DCS 是一种完全对现场 I/O 处理并实现直接数字控制(DDC)功能的网络节点。

3. 工控机(IPC，Industrial Personal Computer)

工控机是一种面向工业控制、采用标准总线技术和开放体系结构的计算机，它配有丰富的外围接口产品，如模拟量输入/输出模板、数字量输入/输出模板等。工控机的环境适应性不如 PLC，编程也比 PLC 复杂，但其硬件性能强大，可以采用通用语言工具编程，最大程度地发挥用户的创造性。

4. 智能调节器

智能调节器是一种数字化的过程仪表，它以微处理器或单片机为核心，具有数据通信功能，适用于连续过程中模拟量信号的控制，能完成 1～4 个回路的直接数字控制任务。智能调节器是大型分散控制系统(如 DCS)中最基层的控制单元，它还可以和上位机组成小型控制系统。

5. 单片机

单片机具有体积小、功能全、价格低、软件丰富、面向控制、开发应用方便等优点。虽然它本身不能完成大规模的控制，但它是构成各种形式控制器的基础，前面讲到的 PLC、智能调节器都是以单片机为核心构成的。如果说 PLC、工控机、智能调节器能面向应用构建控制系统，那么单片机还能面向控制系统构建控制装置。

6. 数字信号处理器(DSP，Digital Signal Processor)

DSP 是一种特殊的单片机，通过特殊的 DSP 指令可快速实现各种数字信号处理算法。

它在信号处理中的滤波、变换，通信中的调制解调、加密、压缩，语音图像处理中的增强、识别，医疗中的助听、超声设备，军事中的保密通信、雷达、声呐处理、导航，自动控制中的电机控制、自动驾驶、机器人控制等方面有广泛的应用。

如果说单片机是一个多面手，那么 DSP 则专注于数字信号处理。

4.1.4　计算机温度闭环控制系统的总体设计

在工农业生产中，温度检测及其控制占有举足轻重的地位，几乎 80%的工业过程都必须考虑温度控制的问题。下面就以 EDU-STM32 开发板上的温控模块为对象，介绍基于嵌入式的计算机温度闭环控制系统的设计与实现过程。

1. 系统主要功能

该控制系统实现温度的定值闭环控制，具有以下基本功能：

(1) 温度控制的设定范围为 35℃～85℃；

(2) 静态误差小于等于 0.4℃；

(3) 实时显示当前的温度值；

(4) 能设置和保存有关的控制参数；

(5) 命令按键 4 个：复位键、模式切换键、参数值加 1 键、参数值减 1 键。

在完成基本功能后，还可以建立与上位机的通信，将其扩展为多点温度控制系统。

2. 软件总体设计

本系统的软件任务比较简单，不需要嵌入式操作系统，主要包括实时温度数据采集程序、实时 PID 控制决策程序、实时 PWM 控制输出程序、人机服务程序几部分。为保证实时性的要求，代码具有良好的可读性和可维护性，采用 C 语言按结构化程序进行编码。嵌入式温度控制系统软件总流程图如图 4.5 所示。

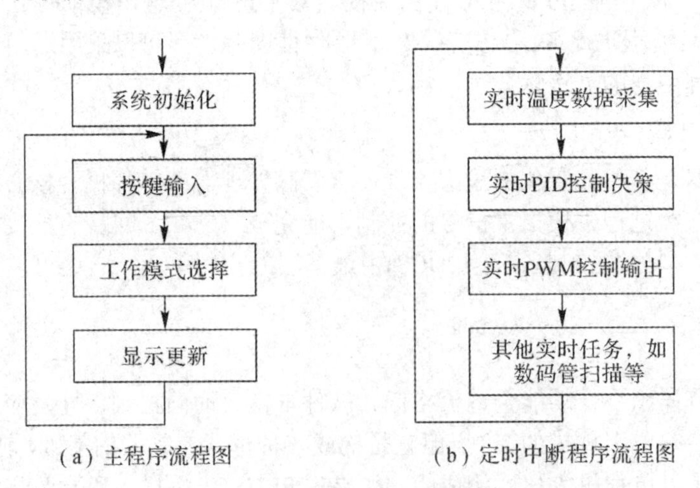

图 4.5　嵌入式温度控制系统软件总流程图

3. 硬件总体设计

温度控制系统的硬件由主机电路、前向测温通道、后向控温通道、人机接口、通信接口及供电电源几部分组成，如图 4.6 所示。

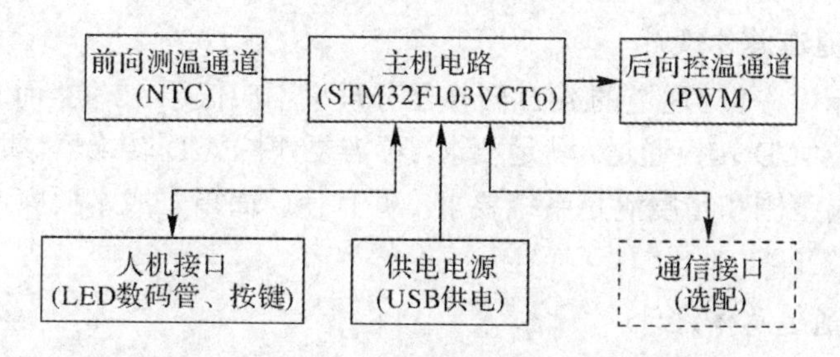

图 4.6　单片机温度控制系统硬件方框图

在进行硬件总体方案设计时既要考虑技术指标，还要兼顾经济指标，满足成本要求。最后，还要选用市场上敞开供应的元器件和材料，方便以后的生产和维护。

1) 主机电路总体设计

主机电路设计的核心就是要选择一款恰当的嵌入式处理器，其处理速度、内存容量、功能部件要满足系统要求。

系统对处理速度的要求：本系统用于极小热容量的温度控制，由于实时性的要求，温度的控制周期设为 400 ms，即在 400 ms 内要完成 1 路温度数据的采集、变换、PID 计算、控制输出、显示等各项任务。保留一定的裕量，一般情况下完成这些任务需要执行 4000 条指令，则系统要求主机具有 4000/0.4 = 10000 =10^{-2}MIPS 的运算速度。而 STM32F103 系列 CPU 的运算速度可达 1.25 MIPS/MHz，按最高频率 72 MHz 计算，可得 90MIPS，远远大于系统要求。

系统对程序存储空间的要求：就本次设计任务来讲，程序的复杂程度一般，采用 C 语言编程，初步估算需要 10 000 条指令，STM32 采用的是 16 位与 32 位混合的 Thumb2 指令集，每条指令全部按 32 位字长计算，大约需要 40 000 字节，约 40 KB 的程序空间，而 STM32F103VCT6 提供了 256 KB 程序空间，足够本系统使用。

系统对数据存储器的要求：数据存储器主要用于存储计算缓冲区、显示缓冲区、通信缓冲区、堆栈等的实时数据，本系统任务简单，算法不复杂，但考虑是 C 语言编程，一般 1000 B～2000 B 即可以满足需要。而 STM32F103VCT6 提供了 48 KB 数据空间，足够本系统使用。

STM32F103VCT6 芯片具有 6 个 16 位定时器，1 个 24 位定时器，2 个 WDG，16 个 12 位 A/D 转换通道，2 个 12 位 D/A 转换通道，80 个普通 GPIO 端口，以及 SPI、I^2C、UART、CAN 等通信接口，内嵌的 NVIC 对中断提供了强大的管理功能，可以充分满足系统对主机功能部件的需求，同时还有良好的可扩展性，在以后系统升级换代时能充分保护用户当前的开发投资。它还具备优越的低功耗特性，市场供应充足，价格在 10 元左右，可以满足系统的经济指标。

综上所述，选用 ST 基于 ARM Cortex M3 内核的 STM32F103VCT6 芯片是非常合适的。

2) 人机接口总体设计

温度控制系统的人机界面应简洁、有效。因此，显示器可使用 LED 数码管，其亮度高、有效观测距离远、成本低。由于只输入各参数的数字，因此参照大多数控制仪表的设计方法，输入采用按键方式，其中模式键用于切换模式，上、下键用于修改参数。

3) 前向测温通道总体设计

为保证测量精度，前向通道的A/D转换器分辨率不应低于12位，而STM32F103VCT6内嵌有16个12位A/D转换通道，满足要求，不需要外扩A/D转换器。测温元件采用NTC热敏电阻，其测温范围和精度满足系统要求，并且使用简单、成本低廉，存在的非线性问题可用程序软件校正。

4) 后向控温通道总体设计

当实际温度与设定温度不一致时，需要通过后向控温通道控制加热器调整实际温度。由于本系统热容量小，故采用自然降温、加热升温的方式。

习题

(1) 计算机控制系统的基本工作原理是什么?

(2) 什么是实时控制?

(3) 常用的计算机控制系统主机有哪几种形式？各有什么应用特点?

(4) 在前后台应用程序中，应如何分配主程序任务和中断程序任务?

4.2 计算机温度闭环控制系统的参数输入

键盘是嵌入式应用系统中最常用的输入设备，操作人员一般通过键盘向嵌入式系统输入指令、数据，实现简单的人机通信。所以，掌握嵌入式与键盘接口的原理和编程方法十分重要。

按键按照结构原理可分为两类：一类是触点式开关按键，如机械式开关、导电橡胶式开关等；另一类是无触点式开关按键，如电气式按键、磁感应按键等。前者造价低，后者寿命长。目前，嵌入式应用系统中最常见的是触点式机械开关按键，其主要功能是把机械上的通断转换成为电气上的逻辑关系。也就是说，它能提供标准的TTL逻辑电平，以便与通用数字系统的逻辑电平相容。

4.2.1 独立式按键与矩阵式按键

1. 独立式按键

独立式按键是直接用I/O口线构成的单个按键电路，其特点是每个按键单独占用一根I/O口线，每个按键的工作不会影响其他I/O口线的状态。独立式按键的典型应用如图4.7所示。独立式按键电路配置灵活，软件结构简单，但每个按键必须占用一根I/O口线，当按键较多时，I/O口线浪费较大，不宜采用。

嵌入式系统中，如果只需要几个功能键，可采用独立式按键结构。图4.7中按键的输入均采用低电平有效，上拉电阻保证了按键断开时，I/O口线有确定的高电平。当I/O口线内部有上拉电阻时，外电路可不接上拉电阻。当用户发现按键电平状态反应慢时，可适当减小上拉电阻阻值。

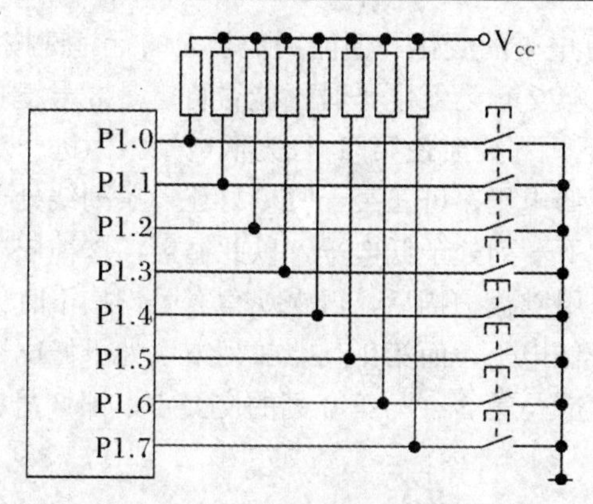

图 4.7　独立式按键的典型应用

2. 矩阵式按键

嵌入式系统中，若使用按键较多时，通常采用矩阵式(也称行列式)按键。矩阵式按键由行线和列线组成，按键位于行、列线的交叉点上，其结构如图 4.8 所示。由图可知，一个 4 × 4 的行、列结构可以构成一个含有 16 个按键的键盘。显然，当按键数量较多时，矩阵式按键键盘较独立式按键键盘要节省很多 I/O 口线。

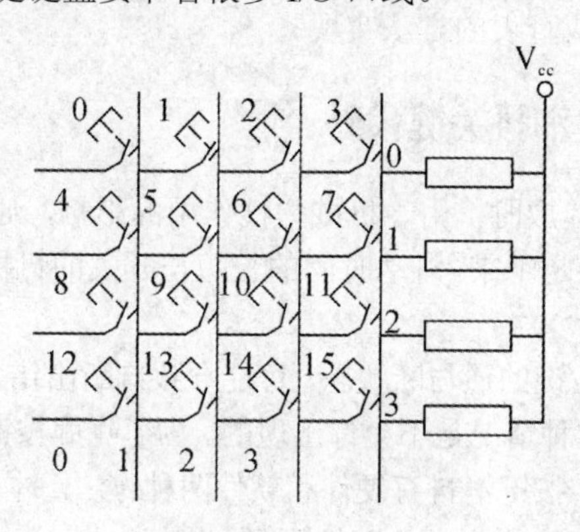

图 4.8　矩阵式按键结构

矩阵式键盘中，行、列线分别连接到按键开关的两端，行线通过上拉电阻接到嵌入式电源上。当无键按下时，行线处于高电平状态；当有键按下时，行、列线将导通，此时，行线电平将由与此行线相连的列线电平决定。这是识别按键是否按下的关键。然而，矩阵键盘中的行线、列线和多个键相连，各按键按下与否均影响该键所在行线和列线的电平，各按键间将相互影响，因此，必须将行线、列线信号配合起来作适当处理，才能确定闭合键的位置。

3. 矩阵式键盘按键的识别

识别按键的方法很多，其中，最常见的方法是扫描法。下面以图 4.8 中 8 号键的识别为例来说明扫描法识别按键的过程。

按键按下时，与此键相连的行线和列线导通，行线在无键按下时处于高电平。显然，如果让所有的列线也处于高电平，那么，按键按下与否不会引起行线电平的变化，因此，必须使所有列线处于低电平。只有这样，当有键按下时，该键所在的行电平才会由高电平变为低电平。CPU 根据行电平的变化，便能判定相应的行有键按下。8 号键按下时，第 2 行一定为低电平。然而，第 2 行为低电平时，能否肯定是 8 号键按下呢？回答是否定的，因为 9、10、11 号键按下，同样会使第 2 行为低电平。为进一步确定具体键，不能使所有列线在同一时刻都处于低电平，可在某一时刻只让一条列线处于低电平，其余列线均处于高电平，另一时刻，让下一列处于低电平，以此循环，这种依次轮流每次选通一列的工作方式称为键盘扫描。采用键盘扫描后，再来观察 8 号键按下时的工作过程，当第 0 列处于低电平时，第 2 行处于低电平，而第 1、2、3 列依次处于低电平时，第 2 行却处于高电平，由此可判定按下的键应是第 2 行与第 0 列的交叉点，即 8 号键。

4. 键盘的编码

对于独立式按键键盘，因按键数量少，可根据实际需要灵活编码。对于矩阵式按键键盘，按键的位置由行号和列号唯一确定，因此可分别对行号和列号进行二进制编码，然后将两值合成一个字节，高 4 位是行号，低 4 位是列号。如图中的 8 号键，它位于第 2 行，第 0 列，因此，其键盘编码应为 20H。采用上述编码对于不同行的键离散性较大，不利于散转指令对按键进行处理。因此，可采用依次排列键号的方式对按键进行编码。以图中的 4 × 4 键盘为例，可将键号编码为 01H、02H、03H、…、0EH、0FH、10H 等 16 个键号。编码相互转换可通过计算或查表的方法实现。

4.2.2 消抖原理与软件消抖关键代码

机械式按键在按下或释放时，由于机械弹性作用的影响，通常伴随有一定时间的触点机械抖动，然后其触点才稳定下来。抖动时间的长短与开关的机械特性有关，一般为 5 ms～10 ms。

在触点抖动期间检测按键的通与断状态，可能导致判断出错，即按键一次按下或释放被错误地认为是多次操作，这种情况是不允许出现的。为了克服按键触点机械抖动所致的检测误判，必须采取消抖措施。按键消抖有硬件和软件两种方法，本实验采用软件消抖方法。

软件消抖的方法是：在检测到有按键按下时，执行一个 10 ms 左右(具体时间应视所使用的按键进行调整)的延时程序后，再确认该键电平是否仍保持闭合状态电平，若仍保持闭合状态电平，则确认该键处于闭合状态。同理，在检测到该键释放后，也采用相同的步骤进行确认，从而可消除抖动的影响。软件消抖相应的函数代码如例程 4.1 所示。

例程 4.1　按键延时消抖的实现，代码如下：

```
#define KEY3    GPIO_ReadInputDataBit(GPIOD, GPIO_Pin_3)   //当前按键输入，按下为 0，
                                                             松开为 1

void key3_scan( )
{
    if(KEY3 == 0)                          //按键按下
    {
        for(k = 0; k < 10000; k++);        //延时去抖动
        if(KEY3 == 0)                      //按键仍然按下
        {
```

```
                process( );                          //执行按键按下的程序
            }
        }
    }
```

4.2.3　两种独立按键输入方式

1. 单次按键

单次按键是指一次按下与松开只执行一次对应的程序，在按键已经松开的状态下才能进行下次按键。除了增加消抖函数以外，单次按键还需要判断按键是否已松开。

为判断按键是否已松开，需要增加上次按键标志位 Flag。按键松开，则标志位 Flag 清零；按键未松开，则标志位 Flag 置 1。若标志位 Flag 为 1，则表示上次按键未松开，即使按键一直按下也不执行对应程序。由于有延时消抖函数，因此例程 4.2 的单次按键扫描函数放在主函数中执行。

例程 4.2　单次按键的实现，代码如下：

```
unsigned char   key3up_flag = 0;                          //上次按键状态标志，松开为 0，按下为 1
#define KEY3   GPIO_ReadInputDataBit(GPIOD,GPIO_Pin_3)       //当前按键输入，按下为 0，
                                                               松开为 1
void key3_scan()
{
   if(KEY3 == 1)
   key3up_flag = 0;                       //按键松开，按键标志位清零
   else
   if(key3up_flag == 0)                   //按下且上次按键为松开状态
   {
      for(k=0; k<10000; k++);             //延时消抖
      if(KEY3 == 0)                       //按键仍然按下
      {
         key3up_flag = 1;                 // 按键未松开，按键标志位置 1
         process( );                      //执行按键按下的程序
      }
   }
}
```

2. 连续按键

连续按键指的是当按下按键不松开时，每隔一段时间就产生一次按键输入，对应执行一次程序。因此，连续按键扫描程序应放在定时中断中，利用定时中断来产生时间间隔。若放在主函数中，则时间间隔不易控制且影响其他标志位的判断或程序的执行。连续按键的程序如例程 4.3 所示。

例程 4.3　连续按键的实现，代码如下：

```
#define  KEY2  GPIO_ReadInputDataBit(GPIOD, GPIO_Pin_6)  //当前按键输入，按钮为 0，
                                                          松开为 1
void TIM1_UP_IRQHandler(void)              // TIM1 定时更新中断函数，2 ms 中断一次
{
  static unsigned char keytime = 0;          //时间间隔计数变量
  if (TIM_GetITStatus(TIM1, TIM_IT_Update) != RESET)
  {
    TIM_ClearITPendingBit(TIM1, TIM_IT_Update);
    if((KEY2 == 0)                 // PD6 作为 UP 键，PD12 作为 DOWN 键
    {
        if(++keytime > 60)         //按下按键后每隔 2 × 60 = 120 ms 就执行一次按键执行程序
        {
            keytime = 0;               //经过 120 ms 后时间间隔计数变量重新置 0
            if(KEY2 == 0)
            {
                key_process();  //执行按键程序
            }
        }
        else {keytime = 0;}        //按键松开时把时间间隔计数变量重新置零
    }
}
```

4.2.4　参数的数据结构设计

结构化程序设计的先驱、图灵奖的获得者、Pascal 之父 Niklaus Wirth 说过一句非常著名的话："算法+数据结构=程序"。可以把算法理解为一条流水线上的各种加工过程，数据结构则是流水线上要加工的部件或零件，可以想象得到一个规整有序的零部件能大大提高流水线的效率。同理，一个恰当的数据结构也可以大大减小算法的复杂度，使程序的结构明晰，运行效率提高。

本实验共涉及 5 个参数：当前温度、设定温度、比例系数、积分系数、微分系数，这 5 个参数的数据类型一致，各数据上施加的运算和操作相近，因此定义一个具有 5 个数据元素的数组 canshu[5]。

考虑运算精度，这 5 个参数应该选择浮点类型，考虑运算和显示的便利性应该选择整型。最后折衷选择定点小数。即这 5 个参数都带有一位小数，小数点位置固定在倒数第一位数之前，如 102 实际值为 10.2。定点小数并不直接显示或表示，它隐藏于程序的运算过程中。

显示定点小数时，数据照常输出，但需在倒数第一位以及倒数第二位之间显示一个小数点。

运算时所有的数据均放大了 10 倍，所以其真实值要除以 10。

考虑定点小数放大 10 倍存储和运算，以上 5 个参数的取值范围将大于 255，因此参数

数组的类型定义为 unsigned　int 型，此类型可以最小代价满足数据的精度和取值范围的要求。

4.2.5　参数输入与显示的综合

1. 显示缓冲区

由于本实验是 4 位数码管动态扫描显示，因此定义一个 Data_Buffer[4]，作为显示缓冲区。此数组的一个字节就对应一位数码管上要显示的数据。在主函数中将要显示数据的百位、十位、个位分别送 Data_Buffer[1]、Data_Buffer[2]、Data_Buffer[3]，也就是所谓的数据的刷新。

数码管的动态扫描利用的是定时中断扫描，因此只要在主函数中根据需要将不同的数据写入 Data_Buffer 刷新，数码管就可以显示需要显示的参数。

显示缓冲区的存在使得显示操作与数据运算实现了分离，符合结构化程序设计的思想。

2. 模式变量

针对以上 5 个数据的显示与输入，定义一个模式变量 V_mode，作为数组的下标变量。V_mode 的取值范围是 0～4，canshu[V_mode]就正好对应数组 canshu 的每一个数据，当按下模式键时，V_mode 的值发生改变，此时 canshu[V_mode]的值就是对应模式的参数值。

与数据的输入类似，在显示的时候，canshu[V_mode]就是当前模式下需要显示的数据，将 canshu[V_mode] 的百位、十位、个位分别送 Data_Buffer[1]、Data_Buffer[2]、Data_Buffer[3]，完成数据刷新，最后在定时中断扫描输出显示。

4.2.6　参数输入的改善

当参数的变化范围较大时，长按键操作会比较耗时，因此希望长按键时参数能够加速变化。为此，可将时间间隔计数变量设置为变量而非固定值，当按键时间变长时，时间间隔计数变量相应变小，从而实现长按键时参数的加速变化。

习题

(1) 在例程 4.2 的单次按键中，能不能在定时器中断中完成单次按键的功能？试重新编码改进。

(2) 试编程实现参数输入的改善，使得长按键时参数能够加速变化。

4.3　温度的检测

没有检测就没有控制，要控制温度，首先就要用温度传感器进行温度检测。

温度检测的方法很多，其中电学测温法采用某些随温度变化的电学量作为温度的标志。属于这一类的温度计主要有热电偶温度计、电阻温度计和半导体热敏电阻温度计。

热电偶温度计是基于热电效应测温的，它将温度信号转换为电势(mV)信号，计算机处理时需要将此微弱信号放大。热电偶温度计广泛应用于石油、化工、钢铁、玻璃、陶瓷、食品、制药、有色金属、军事、航天等领域，在生产过程中测量 -200℃～2800℃的温度参数。

电阻温度计根据导体电阻随温度的变化规律来测量温度。最常用的电阻温度计采用金属丝绕制成的感温元件，主要有铂电阻温度计和铜电阻温度计，低温下还有铑铁、碳和锗电阻温度计。电阻温度计具有测量精度高、测量范围大(-200℃～500℃)的特点，但是其中的贵金属热电阻价格较高。

半导体热敏电阻温度计利用半导体器件的电阻随温度变化的规律来测定温度。按照温度系数的不同，半导体热敏电阻温度计分为正温度系数(PTC，Positive Temperature Coefficient)和负温度系数(NTC，Negative Temperature Coefficient)热敏电阻温度计。大多数热敏电阻温度计是负温度系数热敏电阻温度计，温度越高时电阻值越低。热敏电阻的电阻温度特性分散性大、非线性严重、元件性能不稳定、互换性差、精度较差，但价格便宜，可用于一般用途的测温，其测量范围一般是 -20℃～200℃，在 0℃～50℃范围内测温相对较准确。NTC 热敏电阻外形如图 4.9 所示。

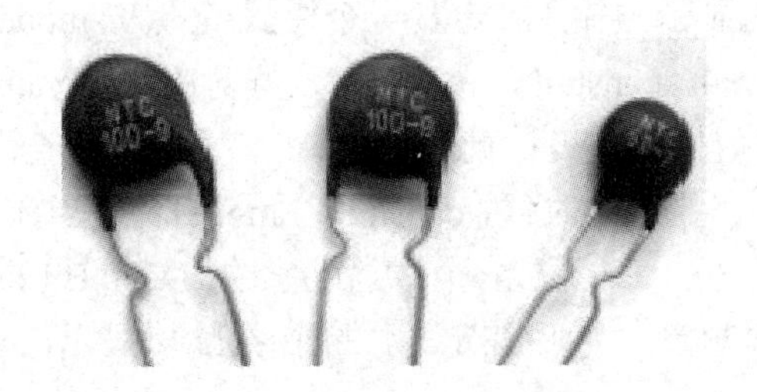

图 4.9　NTC 热敏电阻外形

基于以上分析，结合本例总体设计的要求，选择 NTC 作为测温元件。整个温度检测与转换过程如图 4.10 所示，由此可见在计算机中要获得真实温度值还需要进行一系列的变换和运算。

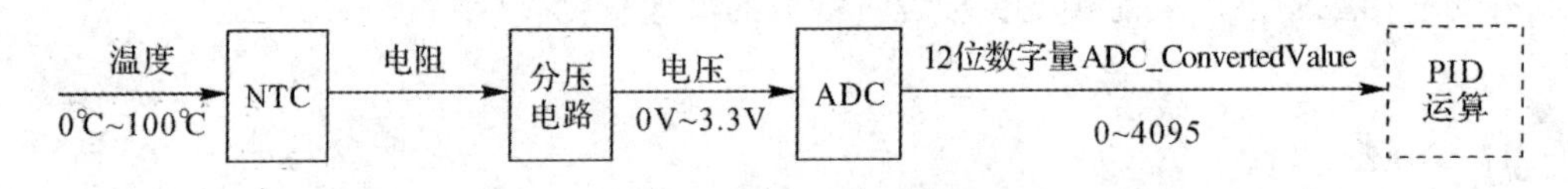

图 4.10　温度检测与转换过程

4.3.1　NTC 热敏电阻温度检测

温度检测与转换虽然如图 4.10 所示是从左到右进行的，但在本实验中，却要通过 A/D 转换的结果 ADC_ConvertedValue 倒推出实际温度，所以下面的讲述将以倒叙方式从右至左展开。

1. 从数字量倒算电压

这一步的计算与普通的 A/D 量纲转换并无不同，可用例程 4.4 完成。

例程 4.4　温度数值量转换为电压量，代码如下：

```
t = ADC_ConvertedValue;                //获取转换结果的数值量
t = t / 4095;
t = t * 3300;                          //获得以 mV 为单位的电压值
```

2. 从电压倒算电阻

本实验采用的测温电路如图 4.11 所示，电源电压为 5 V，由 R59 与热敏电阻 NTC1 组成串联分压电路，当温度变化引起 NTC1 的电阻值发生变化时，分压电路输出端 PC5 的电压将发生变化。

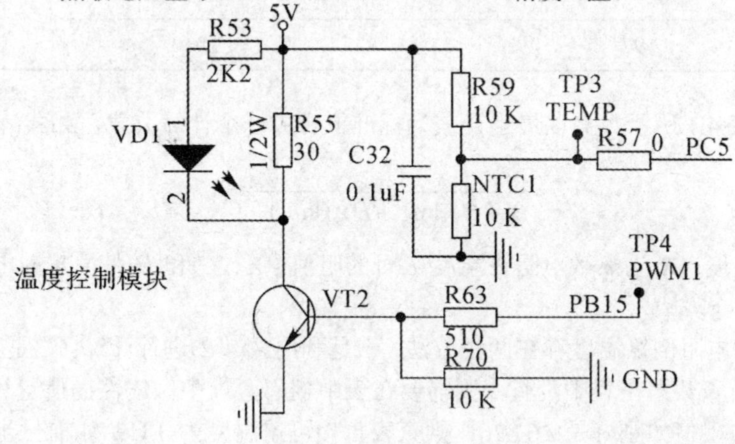

图 4.11　测温电路

图 4.12 中：C32 为去耦电容；电阻 R57 连接 ADC 的输入引脚；其他部分电路为 PWM 控温电路；PB15 用于控制三极管 VT2 输出 PWM，进行温度控制。

接续例程 4.4 的转换，需要将电压量转换为电阻量，根据欧姆定律和图 4.12 中 R59 与热敏电阻 NTC1 的串联关系，不难写出式(4-1)。并按式(4-1)，写出转换程序，如例程 4.5 所示。

$$R_t = \frac{R_{59} \times U_{\mathrm{i}}}{U_{\mathrm{CC}} - U_{\mathrm{i}}} \tag{4-1}$$

例程 4.5　温度电压量转换为电阻量，代码如下：

```
t = t / (5 – t / 1000);        //电源电压 5V，t / 1000 表示将前面的 mV 电压转换为 V
dat = t * 10;                  //R59 为 10 kΩ，dat 表示 NTC1 的电阻，单位为 Ω
```

3. 从电阻倒算温度

热敏电阻虽然存在许多缺点，但在温度值和电阻值之间还是保持了单调性，也就是一个电阻值对应一个温度值。人们通过大量的试验获得了温度值和电阻值之间的对应关系，并制成数据表格，如表 4.1 所示。当温度为 25℃时，NTC 的电阻为 10 kΩ。

表 4.1　NTC 分度表

温度值/℃	电阻值/Ω
0	28 017
1	26 826
2	25 697
⋮	⋮
25	10 000
⋮	⋮
97	1010

人们可以将表 4.1 所示数据以最小误差为标准拟合成一个计算公式，如式(4-2)所示。

$$T=\frac{1}{A+C\times\ln R_t+D\times(\ln R_t)^3} \tag{4-2}$$

其中：T 为开氏温度；R_t 为热敏电阻在温度 T 时的阻值；A、C 和 D 是由热敏电阻生产厂商提供的常数。

综上可知，从电阻倒算温度存在两种方法：一是利用式(4-2)进行计算；二是利用表 4.1 进行查表，如果所查数据在表中没有，则需要在表中相邻两项中做线性插值运算。例如，前一步计算出来电阻值如刚好是 26 826，则查表直接可得温度为 1℃；如前一步计算得到的电阻值是 27 000，位于 0℃对应的 28 017 和 1℃对应的 26 826 之间，则对应温度应在 0℃和 1℃之间通过线性插值运算得出。

4.3.2　温度测量的模块化

为提高代码的移植能力，需要对上面的代码进行模块化设计。主函数里面的数据计算分为电压计算、电阻计算、温度查找，分别用三个函数实现，在以后的使用当中只需调用即可。

例程 4.6　模块化算法函数的实现，代码如下：

```
float Calculation_AdcToVoltage(float t)
{
    t=(t / 4095) * 3300;                //数字量到电压转换
    return (t);
}
float Calculation_VoltageToResistance(float t)
{
    t=t / (5 – t / 1000);               //电压量用欧姆定律转换为 NTC 的电阻量
    return (t);
}
```

```
unsigned int Calculation_CheakTable(unsigned int da)
{
  unsigned int max, min, mid; float j;
  max = 97; min = 0;                    //对半查表初始化上下限
  while(1)
  {
     mid = (max + min)/2;               //对半
     if(Table[mid] < da)                //下限条件判断
         max = mid;                     //下限条件判断，满足更改对半区间的上限
     else
         min = mid;                     //下限条件判断，不满足更改对半区间的下限
     if((max-min) <= 1) break;          //查表算法退出条件，成立则退出
  }
  if(max == min)
     da = min * 10                      //表中查找到对应值，则将温度值扩大十倍
  else
  {
    j = (Table[min] - Table[max]) / 10; //表中无对应值，则将最接近实际值的区间分成十格
    j = (Table[min] - da) / j;          //插值电阻在此区间中占几格，获得一位小数温度插值
    da = j;                             //数据类型转换，进行四舍五入
    da = 10 * min + da;            //将实际值的区间下限扩大十倍后加上十倍的温度插值小数
  }
  return (da);
}
```

函数编写好后，最好将其单独放在一个源文件分组中，便于以后修改和移植，如图 4.12 所示。

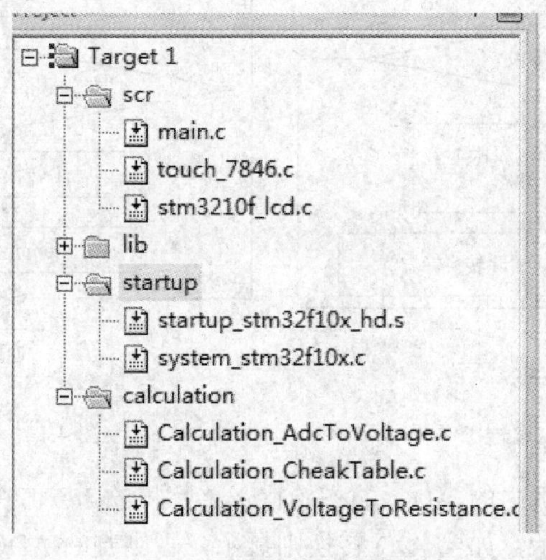

图 4.12　模块化函数封装

4.3.3　数码管温度测量显示

在实际应用中，数码管因其价格低廉、可靠性高等特点使得其应用比液晶更为广泛。市场上的温控设备大多使用数码管作为显示器件，因此我们有必要熟悉数码管在温度测量中的应用。

数码管在精度要求不高、显示范围不大的场合下对控制器件引脚的开销要优于液晶，这里我们使用 0.1℃精度的数码管，其显示范围为 0℃～99℃。NTC 热敏电阻的温度测量从功能上分为 ADC 数据采集模块、ADC 转换结果到温度转换模块、显示模块。程序流程图如图 4.13 和图 4.14 所示。

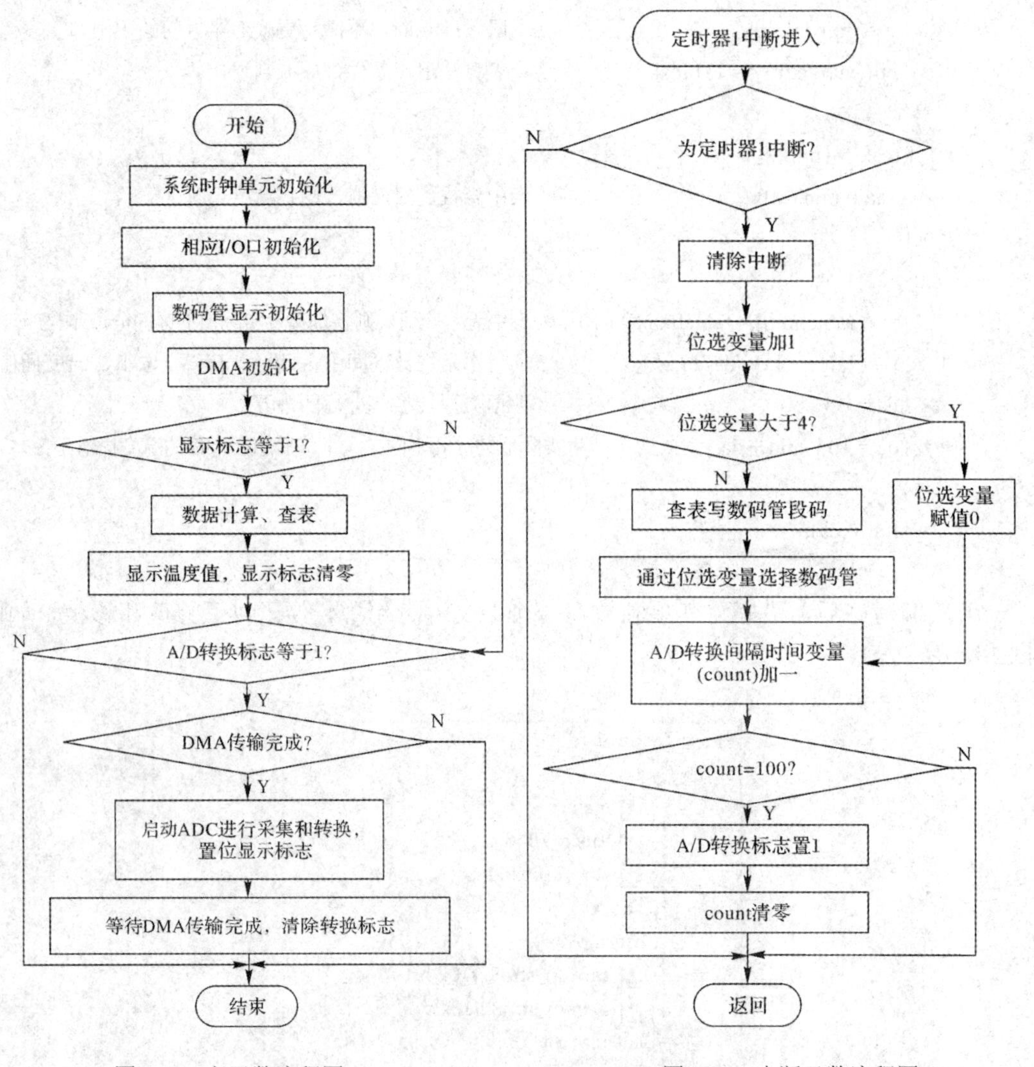

图 4.13　主函数流程图　　　　图 4.14　中断函数流程图

主函数要完成单片机内的 ADC 的初始化、单片机的 I/O 口的初始化、显示模块的初始化。然后判断是否显示，如已 A/D 转换则显示，否则判断 ADC 是否完成时间间隔，如果完成则开始转换，并等待 DMA 转换完成，否则结束此次扫描。

1. 主函数

主函数代码如例程 4.7 所示。

例程 4.7　用数码管显示温度的主函数实现，代码如下：

```
int main(void)
{
    GPIOLED_Configuration( );
    Tim_Configuration( );
    NVIC_init( );
    AD_init( );
    V_mode = 0;                          //模式 0 显示实时温度
    while(1)
    {
        if(Disp_flag == 1)
        {
            Buffer_fresh();
            Disp_flag = 0;               //显示完成，等待下次显示
        }
        if(ADflag == 1)
        {
            canshu[0] = TempSampleComu( );
            ADflag = 0;
            if(V_mode == 0)
                Disp_flag = 1;           //送去显示
        }
    }
}
```

主函数中实现温度测量的主要步骤在 while 死循环中完成。其单次转换、显示的循环较快，我们利用定时器实现分时并行的方法来实现上述步骤，这样有利于后期功能扩展。

2. 中断函数

中断函数代码如例程 4.8 所示。

例程 4.8　用数码管显示温度的中断函数实现，代码如下：

```
void TIM1_UP_IRQHandler(void)
{
    static unsigned char Bit = 0;
    static unsigned int count = 0;                    //软计时变量定义
```

```
        if (TIM_GetITStatus(TIM1, TIM_IT_Update) != RESET)
        {
            TIM_ClearITPendingBit(TIM1, TIM_IT_Update);

            Bit++;
            if(Bit >= 4) Bit = 0;
                GPIO_SetBits(GPIOB, GPIO_Pin_13 | GPIO_Pin_12 | GPIO_Pin_11
                                | GPIO_Pin_10);          //关所有位码
            if(Bit == 2) GPIO_Write(GPIOE, Duan[Data_Buffer[Bit]] | 0x80);
            else   GPIO_Write(GPIOE,Duan[Data_Buffer[Bit]]);
            switch(Bit)                                   //开位码
            {
                case 0: GPIO_ResetBits(GPIOB, GPIO_Pin_10);
                    break;
                case 1: GPIO_ResetBits(GPIOB, GPIO_Pin_11);
                    break;
                case 2: GPIO_ResetBits(GPIOB, GPIO_Pin_12);
                    break;
                case 3: GPIO_ResetBits(GPIOB, GPIO_Pin_13);
                    break;
            }
            count++;
            if(count >= 100)                              // 200 ms 更新采集一次温度
            {
                count = 0;
                ADflag = 1;
            }
        }
    }
```

定时器 1 中断函数完成，数码管的显示更新。通过对全局变量和局部静态变量的使用提高程序在结构上的高度，便于程序的模块化。

在此次程序设计中，模块化的主要目的放在中断的协调上，因为内存池的使用，导致移植性降低，所以模块化是为了尽量区分出程序的结构。

 习题

(1) 将现场的电阻信号变换成电压信号的方法有哪些？各有什么特点？试设计不同于

本章的电阻—电压转换电路。

(2) 图 4.12 中的电阻 R59 距离 NTC1 比较近，不可避免会受到测温点热量的影响，使其电阻值变化，从而对最终测量精度产生影响，应该采用何种措施进行补偿？

(3) 如何通过非线性输入的电压信号确定其对应的温度？除本节介绍的方法以外，还有哪些常用方法？

(4) 为什么要设计标志变量 Disp_flag？它对数码显示温度起什么作用？

(5) 试修改程序，将温度信息同时在液晶和数码管上显示，分析并找出例程中不符合模块化编程思想的语句。

4.4　温度的 PID 控制

控制算法是一切控制系统的核心和灵魂。所谓计算机控制，就是计算机按照控制算法所规定的策略方法进行控制，控制算法的正确与否直接影响控制系统的品质，甚至决定整个系统的成败。

在控制系统的分析和设计中，首先要建立该系统控制对象的数学模型，再根据控制目标要求，进行具体控制系统的分析、综合或设计，确定控制算法来弥补控制对象与控制要求之间的差距。所谓数学模型，就是系统动态特性的数学表达式。它反映了系统输入、内部状态和输出之间的数量和逻辑关系。这些关系式为计算机进行运算处理提供了依据，即由数学模型和控制目标要求推出控制算法。

但由于控制对象精确的数学模型实际上很难获得，因而又出现了一种不依赖于对象数学模型的控制算法，PID 是其典型代表。PID 控制模型是基本固定的，操作人员只需要在现场对 K_P、K_D、K_I 三个参数进行适应性调整，就能获得满意的控制效果。

自 20 世纪 30 年代以来，多年实际的实践运行经验表明，PID 控制算法是一种理论成熟，便于操作人员掌握，灵活性、适应性、控制效果好的算法。在自动控制领域内，PID 控制的历史最悠久，生命力最强，应用最广泛。

4.4.1　PID 控制的原理

PID(Proportional Integral Differential)控制是比例、积分、微分控制的简称。PID 控制的原理是根据系统的被控量实测值与设定值计算偏差，再利用偏差的比例、积分、微分三个环节的不同组合计算出对广义被控对象的控制量。图 4.15 是常规 PID 控制系统的原理图。

图 4.15 中，虚线框内的部分是 PID 控制器，其输入为设定值 $r(t)$与被调量实测值 $y(t)$构成的控制偏差信号 $e(t)$：

$$e(t) = r(t) - y(t) \tag{4-3}$$

其输出为该偏差信号的比例、积分、微分的线性组合，即 PID 控制规律：

$$u(t)=K_{\mathrm{P}}\left[e(t)+\frac{1}{T_{\mathrm{I}}}\int_0^t e(t)\mathrm{d}t+T_{\mathrm{D}}\frac{\mathrm{d}e(t)}{\mathrm{d}t}\right] \tag{4-4}$$

式中：K_{P}为比例系数；T_{I}为积分时间常数；T_{D}为微分时间常数。

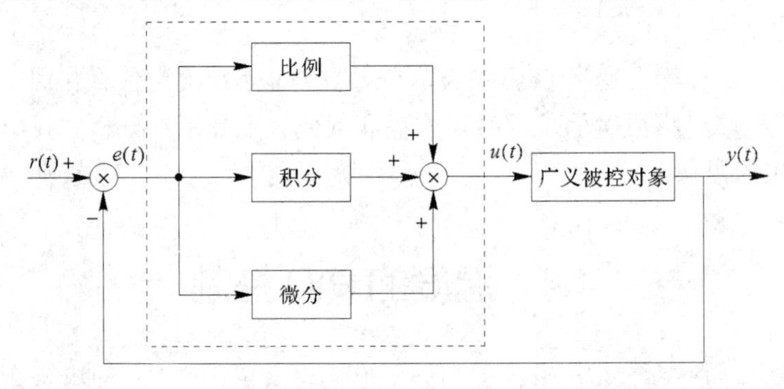

图 4.15　常规 PID 控制系统的原理框图

根据被控对象动态特性和控制要求的不同，输出还可以是只包含比例和积分的 PI 调节或者只包含比例微分的 PD 调节。

1. 比例控制器

比例控制器是最简单的控制器，其控制规律为

$$u(t)=K_{\mathrm{P}}e(t)+u_0 \tag{4-5}$$

式中：K_{P} 为比例系数；u_0 为控制量的初值，也就是在启动控制系统时的控制量。图 4.16 所示是比例控制器对单位阶跃输入的阶跃响应。

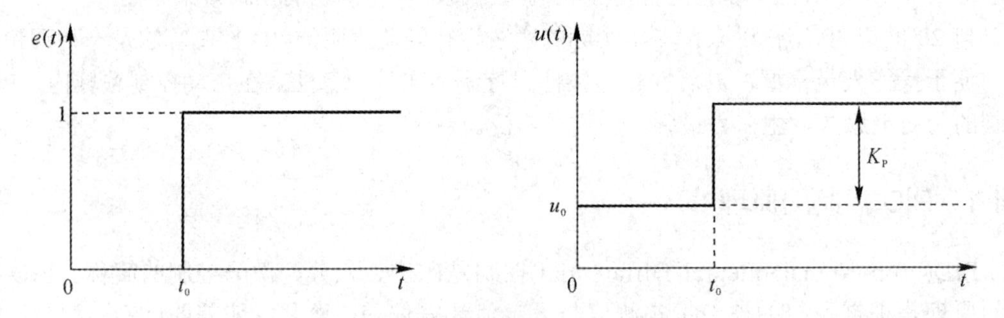

图 4.16　比例控制器的阶跃响应

由图 4.16 可以看到，比例控制器对于偏差是即时反应的，偏差一旦产生，控制器立即产生控制作用使被控量朝着减小偏差的方向变化，控制作用的强弱取决于比例系数 K_{P}。

比例控制器虽然简单快速，但对于具有自平衡性(即系统阶跃响应终值为一有限值)的被控对象存在静差。加大比例系数 K_{P} 虽然可以减小静差，但当 K_{P} 过大时，动态性能会变差，会引起被控量振荡，甚至导致闭环系统不稳定。

比例控制器是最基础的控制环节，比例控制环节与其他控制环节组合，可以获得更好

的控制效果。

2. 比例积分控制器

为了消除在比例控制中存在的静差，可在比例控制的基础上加上积分控制作用，构成比例积分 PI 控制器，其控制规律为

$$u(t)=K_{\mathrm{P}}\left[e(t)+\frac{1}{T_{\mathrm{I}}}\int_{0}^{t}e(t)\mathrm{d}t\right]+u_{0} \tag{4-6}$$

式中，T_{I} 为积分时间常数。

图 4.17 所示为 PI 控制器对单位阶跃输入的阶跃响应。

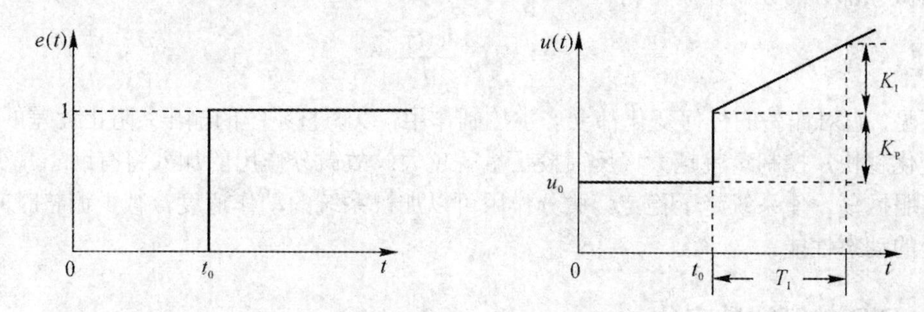

图 4.17　比例积分控制器的阶跃响应

PI 控制器对偏差的作用由两个部分组成：一个是比例部分，另一个是累积部分(即成一定斜率变化的部分)，这个累积成分就是积分控制的作用。只要存在偏差，积分就起作用，将偏差累积，并对控制量产生影响，使偏差减小，直至偏差为零，积分作用才会停止。因此，加入积分环节将有助于消除系统的静差，改善系统的稳态性能。

显然，如果积分时间太大，则积分作用减弱，反之则积分作用增强。增大积分时间，将使消除静差的过程变得缓慢，但可以减小系统的超调量，提高稳定性。必须根据被控对象的特性来选定，如对于管道压力、流量等滞后不大的对象，可以将积分时间选得小些，对温度、成分等滞后比较大的对象，可以将积分时间选得大些。

3. 比例积分微分控制器

积分调节作用的加入，虽然可以消除静差，但付出了系统响应速度降低的代价。为了加快控制过程，有必要在偏差出现或变化的瞬间，不但要对偏差量做出反应(即比例控制作用)，而且要对偏差量的变化做出反应，或者说按偏差变化的趋势进行控制，使偏差在萌芽状态被抑制。为了达到这一控制目的，可以在 PI 控制器的基础上加入微分控制作用，即构造比例积分微分控制器(PID 控制器)。

PID 控制器的控制规律为

$$u(t)=K_{\mathrm{P}}\left[e(t)+\frac{1}{T_{\mathrm{I}}}\int_{0}^{t}e(t)\mathrm{d}t+T_{\mathrm{D}}\frac{\mathrm{d}e(t)}{\mathrm{d}t}\right] \tag{4-7}$$

式中，T_{D} 为微分时间常数。理想的 PID 控制器对偏差阶跃变化的响应如图 4.18 所示，它在偏差变化的瞬间有一个冲激式的瞬态响应，这是由微分环节引起的。

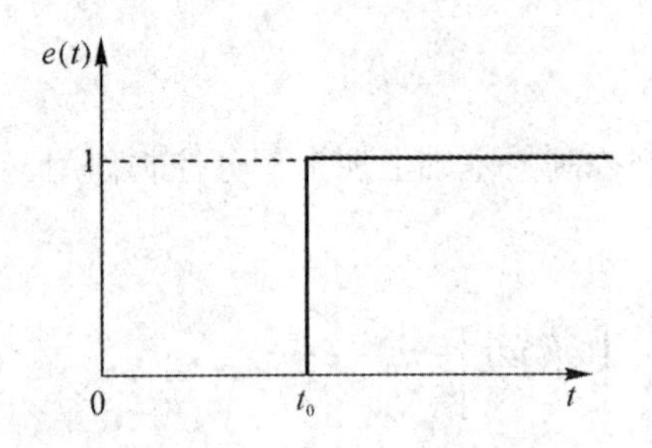

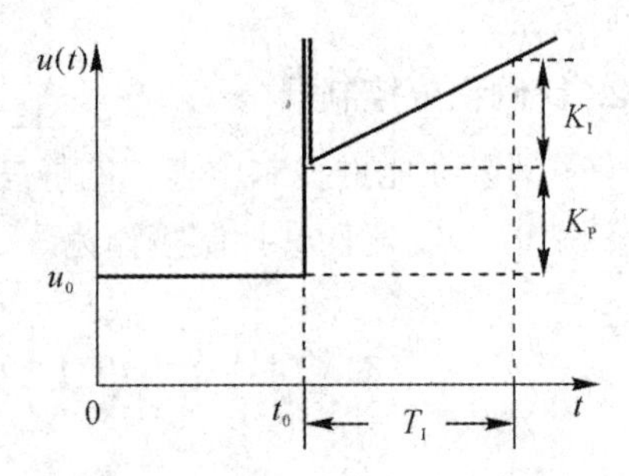

图 4.18　理想 PID 控制器的阶跃响应

由微分部分的控制作用可得

$$u_{\mathrm{D}} = K_{\mathrm{P}} T_{\mathrm{D}} \frac{\mathrm{d}e(t)}{\mathrm{d}t} \tag{4-8}$$

可见，它对偏差的任何变化都会产生控制作用，以调整系统的输出，阻止偏差的变化。偏差变化越快，控制量就越大，反馈校正量就越大。故微分作用的加入将有助于减少超调量，克服振荡，使系统趋于稳定。微分作用可以加快系统的动作速度，减少调整时间，改善系统的动态性能。

4.4.2　PID 控制的数字化

为了便于计算机实现 PID 算法，必须将式(4-7)微分方程表达的 PID 控制算法改写为离散(采样)式，因此将积分运算用部分和近似代替，微分运算用差分方程表示，即

$$\int_0 e(t)\mathrm{d}t \approx \sum_{j=0}^{k} Te(j) \tag{4-9}$$

$$\frac{\mathrm{d}e(t)}{\mathrm{d}t} \approx \frac{e(k)-e(k-1)}{T} \tag{4-10}$$

式中：T 为采样周期；k 为采样周期的序号($k = 0, 1, 2, \cdots$)；$e(k-1)$和 $e(k)$分别为第 $k-1$ 和第 k 个采样周期的偏差。

为方便起见，重写式(4-4)：

$$u(t) = K_{\mathrm{P}}\left[e(t) + \frac{1}{T_{\mathrm{I}}}\int_0 e(t)\mathrm{d}t + T_{\mathrm{D}}\frac{\mathrm{d}e(t)}{\mathrm{d}t}\right]$$

将式(4-9)和式(4-10)代入式(4-4)可得相应的差分方程，即

$$u(k) = K_{\mathrm{P}}\left\{e(k) + \frac{T}{T_{\mathrm{I}}}\sum_{j=0}^{k} e(j) + \frac{T_{\mathrm{D}}}{T}[e(k)-e(k-1)]\right\} \tag{4-11}$$

式中，$u(k)$为第 k 个采样时刻的控制量。如果采样周期 T 与被控对象时间常数比较相对较小，那么这种近似是合理的，并与连续控制的效果接近。

基本的数字 PID 控制器一般有位置型算法和增量型算法两种形式。

1. 位置型算法

模拟调节器的调节动作是连续的，任何瞬间的输出控制量 u 都对应于执行机构(如调节阀)的位置。由式(4-11)可知，数字控制器的输出控制量 $u(k)$也和阀门位置相对应，故称为位置型算法(简称位置法)，并可据此写出位置型算法的函数代码，如例程 4.9 所示。

例程 4.9　位置型 PID 的实现，代码如下：

```
unsigned char pid_val_mid=0;
void PIDcompute( )
{
    static int SumError=0, PrevError=0, LastError=0;
    int dError=0, Error=0;
    double j=0.0, i;
    Error =canshu[1]-canshu[0];         //计算偏差
    SumError +=Error;                   //累积偏差，用于积分作用
    dError=Error-LastError;             //取偏差变化，用于微分作用
    PrevError=LastError;
    LastError=Error;                    //保存本次偏差，用于下次计算
    i=canshu[2];                        //canshu[2]为比例系数
    j=Error*i;                          //比例作用
    i=canshu[3];                        //canshu[3]为积分系数
    j=j+SumError*i;                     //比例 + 积分
    i=canshu[4];                        //canshu[4]为微分系数
    j=j+dError*i;                       //比例 + 积分 + 微分
    pid_val_mid=j;                      //PID 结果输出至全局变量
}
```

由式(4-11)可以看出，由于积分作用是对一段时间内偏差信号的累加，随着累加的数越来越大，在后面累加的一些小偏差可能会被忽略，因此，利用计算机实现位置型算法不是很方便，不仅需要占用较多的存储单元，而且编程也不方便，于是研究人员提出了其改进式——增量型算法。

2. 增量型算法

根据式(4-11)不难得到第 $k-1$ 个采样周期的控制量，即

$$u(k-1)=K_{\mathrm{P}}\left\{e(k-1)+\frac{T}{T_{\mathrm{I}}}\sum_{j=0}^{k-1}e(j)+\frac{T_{\mathrm{D}}}{T}[e(k-1)-e(k-2)]\right\} \tag{4-12}$$

将式(4-11)与式(4-12)相减，可以得到第 k 个采样时刻控制量的增量，即

$$\begin{aligned}\Delta u(k-1)&=K_{\mathrm{P}}\left\{e(k)-e(k-1)+\frac{T}{T_{\mathrm{I}}}e(k)+\frac{T_{\mathrm{D}}}{T}[e(k)-2e(k-1)+e(k-2)]\right\}\\&=K_{\mathrm{P}}[e(k)-e(k-1)]+K_{\mathrm{I}}e(k)+K_{\mathrm{D}}[e(k)-2e(k-1)+e(k-2)]\end{aligned} \tag{4-13}$$

式中：K_P为比例增益；K_I为积分系数，$K_I = K_P \dfrac{T}{T_I}$；K_D为微分系数，$K_D = K_P \dfrac{T_D}{T}$。

由于式(4-13)中对应于第 k 个采样时刻控制位置的增量，故称式(4-13)为增量型算式。由此，第 k 个采样时刻的实际控制量为

$$u(k) = u(k-1) + \Delta u(k) \tag{4-14}$$

为了编写程序方便，将式(4-13)改写为

$$\Delta u(k) = q_0 e(k) + q_1 e(k-1) + q_2 e(k-2) \tag{4-15}$$

式中，

$$q_0 = K_P\left(1 + \frac{T}{T_I} + \frac{T_D}{T}\right),\quad q_1 = -K_P\left(1 + \frac{2T_D}{T}\right),\quad q_2 = K_P \frac{T_D}{T}$$

由此可见，要利用$\Delta u(k)$和$u(k-1)$得到$u(k)$，只需要用到$e(k-1)$、$e(k-2)$和$u(k-1)$三个历史数据。在编程过程中，这三个历史数据可以采用平移法保存，以便递推使用。这样做的好处是占用的存储单元少，没有累积过程，编程简单，运算速度快。这里没有给出增量型 PID 的实现函数，读者可自行根据图 4.19 所示的流程图完成编码工作。

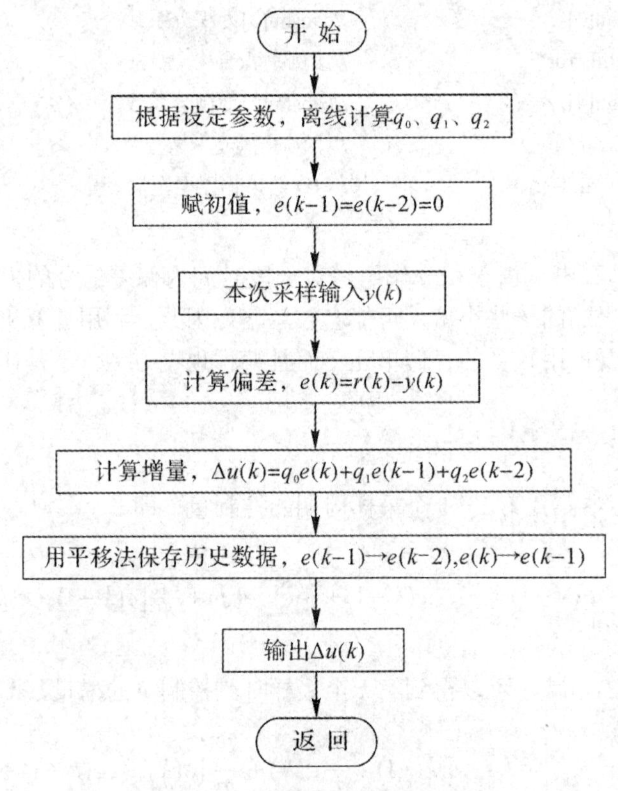

图 4.19　增量型 PID 算法流程图

增量型算法没有改变控制规律(或者说数学公式没变)，还是以式(4-4)作为基本的控制

规律，仅仅是在算法设计上做了改进，改变了这个公式的实现方法。其输出是相对于上次控制输出量的增量形式，并没有改变位置型算法的本质，即它仍然反映执行机构的位置开度。使用这种增量式控制方法，执行机构必须具有保持位置的功能。

数字 PID 控制器的输出控制量通常都是通过 D/A 转换器输出的，在 D/A 转换器中将数字信号转换成模拟信号(4 mA～20 mA 的电流信号或 0 V～5 V 的电压信号)，然后通过放大驱动装置作用于执行机构，信号作用的时间延续到下一个控制量到来之前。因此，D/A 转换器具有零阶保持器的功能。

4.4.3　PID 算法的模块化程序设计

PID 控制是温度控制系统中一个重要的，并且相对独立的功能，按照“高内聚，低耦合”的模块化设计原则，应该有一个软件模块(函数)来实现 PID 控制算法。因此需要定义一个函数，并取名为 void PIDcompute( )。此函数只完成 PID 运算，输入数据来自键盘输入模块和温度采集模块，输出数据送 PWM 模块执行调温。根据以上分析，并在图 4.5(b)所示的整体流程图基础上，将其与其他模块的关系进一步细化，如图 4.20 所示。

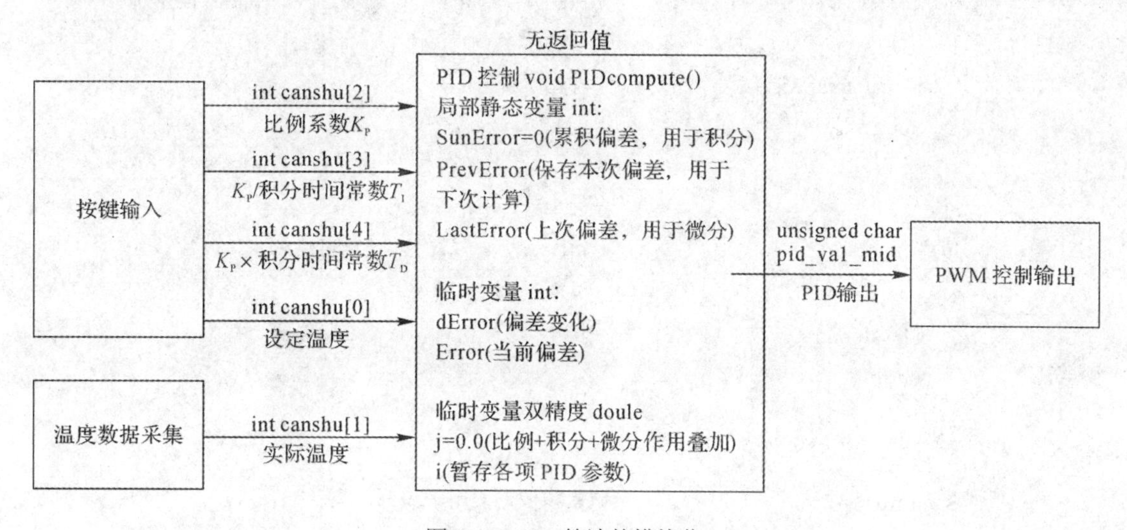

图 4.20　PID 算法的模块化

考虑本项目代码总量不大，为方便起见，PIDcompute( )函数实现时所需要的输入数据和输出数据均定义为全局变量。

为保证控制的实时性，需要减少浮点运算所消耗的 CPU 资源，故相关输入变量全部采用定点数，即用整型定义来表示浮点数。合理考虑输入参数对表达范围和精度的要求，以及对 CPU RAM 空间的耗用需求，确定用 16 位整数来表示带 1 位小数的定点数，即表示范围为 0.0～6553.5。如 P 参数的值为 105 时，实际代表 P 参数的大小为 10.5。

输出参数采用 PWM 控制。本项目控制精度要求不高，采用 8 位，共 255 级占空比调压即合适，PWM 载波频率在 CPU 资源许可情况下，选高一点较好。考虑 STM32F103VCT6 本身自带 PWM 功能模块，故占空比调压调温输出还可以用硬件实现，以避免软件 PWM 消耗 CPU 资源。

4.4.4　PID 算法的完善

在实际应用中，前面讲述的 PID 控制方法还有明显的缺陷，需要完善后方可投入应用，如例程 4.10 所示。

例程 4.10　完整的 PID 控制算法的实现，代码如下：

```
unsigned char pid_val_mid=0;
void PIDcompute( )
{
   static int SumError=0, PrevError=0, LastError=0;
   int dError=0, Error=0;
   double j=0.0, i;
   Error =canshu[1]-canshu[0];          //计算偏差

   if(Error>10)                         //PID 算法的完善 1：处理过大的负输入偏差
   {
      pid_val_mid=255;                  //输出全开
      return;
   }
   else
   if(Error+10<0)                       //PID 算法的完善 2：处理过大的正输入偏差
   {
      pid_val_mid=0;                    //输出全关
      return;
   }

   SumError +=Error;                    //累积偏差，用于积分
   dError=Error-LastError;              //取偏差变化，用于微分
   PrevError=LastError;                 //保存本次偏差，用于下次计算
   LastError=Error;
   i=canshu[2];
   j=Error*i;                           //比例作用
   i=canshu[3];
   j=j+SumError*i;                      //比例+积分
   i=canshu[4];
   j=j+dError*i;                        //比例+积分+微分

   if(j>0)                              // PID 算法的完善 3：处理定点小数的运算
```

```
        j=j/10;                 // 比例、积分、微分参数放大了 10 倍，所以输出结果要除以 10

      if(j>255)                         //PID 算法的完善 4：处理过大或过小的 PID 运算结果
        pid_val_mid=255;                //输出全开
      else
      if(j<0)
        pid_val_mid=0;                  //输出全关
      else
        pid_val_mid=j;                  //正常输出 PID 运算结果至全局变量 pid_val_mid
    }
```

1. 处理过大的负输入偏差

所谓负输入偏差，是指实际温度小于设定温度，即 $y(t) < r(t)$。当负输入偏差比较大时，最好的控制算法就是打开所有的输出，让实际温度以最快的速度上升，以期在最短的时间内达到设定温度，如例程 4.10 中的“PID 算法的完善 1”所示。

2. 处理过大的正输入偏差

所谓正输入偏差，是指实际温度大于设定温度，即 $y(t) > r(t)$。当正输入偏差比较大时，最好的控制算法就是以最快的速度降温。由于本实验没有降温措施，故只能是将输出全关，依靠自然散热降温，如例程 4.10 中的“PID 算法的完善 2”所示。

正输入偏差过大或者是负输入偏差过大，均可以理解为偏差的绝对值过大。以上这种对偏差绝对值过大时的处理实质上是一种积分分离的算法思想，属于对积分项的改进。

不过这种全开、全关的方法只能用在偏差绝对值较大的情况下，当偏差绝对值小于一定值时，应该切换到 PID 控制。

3. 定点小数运算的完善

如例程 4.10 中的“PID 算法的完善 3”所示，由于本实验采用了 1 位小数的定点数代表浮点数，因此代入运算的比例、积分、微分参数放大了 10 倍，计算结果应该除以 10 后才能代表实际的 PID 运算结果。

4. PID 运算结果过大或过小的处理

由于实际输出的物理元件不能完全执行 PID 运算结果，即 PID 理论运算结果超出实际执行能力时，超出部分并不能被实际执行，需要在程序中根据实际执行部件能力对 PID 运算输出进行上限幅和下限幅处理。处理过程如例程 4.10 中的“PID 算法的完善 4”所示。

本实验的温度控制最终是由 PWM 调节占空比实现的，最大输出时对应占空比为 100%，由于采用 8 位二进制数表达的占空比调节范围为 0～255，因此 PID 运算结果的上限为 255。

考虑本实验的输出调温通道没有设置降温功能，PID 运算输出的负值没有意义，此时只能关断输出，即依靠向周围环境的自散热而降温，因此 PID 运算结果的下限为 0。这种输出限幅实际上是一种抗积分饱和的处理方法，也属于对积分项的改进。

综上所述，在计算机实现 PID 控制算法时，不仅可以充分利用可编程的优点，对 PID 控制算法进行多方面的改进，取得比常规模拟 PID 控制更好的效果，而且也不会增加任何的硬件成本。

习题

(1) 在例程 4.10 的 PID 算法的完善 1 和 PID 算法的完善 2 中，正、负偏差的上限均被设置成常数，修改相关程序，用变量代替它们，并能通过按键输入调整它们的大小。

(2) 实际上，任何控制算法都不可能实现绝对的无误差控制，当偏差足够小时，已经没有进行调节运算的必要。在此情况下，应如何进行 PID 算法的完善？试写出代码，并调试。

(3) 仔细理解增量型 PID 算法原理，编写增量型 PID 函数，代替原来位置型 PID 函数。

(4) 在例程 4.10 的编码方法中，能不能取消临时变量 j，将 PID 运算结果直接叠加在变量 pid_val_mid 上？

(5) 例程 4.10 中各种变量的命名是否规范？试重新编码改进之。

(6) 例程 4.10 中的比例、积分、微分参数是否与式(4-11)中的 K_P、T_I、T_D 参数一致？例程 4.10 的做法存在什么问题？请按式(4-11)中定义的 K_P、T_I、T_D 参数，重写其中的 PID 运算部分。

4.5　温度控制的输出

4.4 节介绍了温度的实时 PID 控制和控制决策，并通过 PID 算法产生了一个输出数据，该数据将作为后向控温通道的输入参数。本节主要介绍 PWM(Pulse Width Modulation)控制的基本原理及调温原理，最终实现软硬件的 PWM 控制输出。

4.5.1　PWM 输出调温原理

PWM 即脉冲宽度调制，简称脉宽调制。它是利用微处理器的数字输出来对模拟电路进行控制的一种非常有效的技术，具有控制简单、灵活和动态响应好等优点。采用 PWM 输出可以替代传统的 D/A 输出连续控制量，而且能产生较大的输出功率，替代传统的功率放大电路。因此，PWM 技术成为电力电子技术广泛应用的控制方式，其应用领域包括测量、通信、功率控制与变换、电动机控制、伺服控制、调光、调温、开关电源，甚至某些音频放大器等。

1. PWM 控制的基本原理

理论基础：冲量相等而形状不同的窄脉冲加在具有惯性的环节上时(具有惯性环节特性的系统，都具有一个存储元件(或称容量元件)，进行物质或能量的存储，如电容、电感等)，其效果基本相同。冲量指窄脉冲的面积。效果基本相同是指环节的输出响应波形基本相同，即低频段非常接近，仅在高频段略有差异。

面积等效原理：分别将如图 4.21 所示的电压窄脉冲加在如图 4.22(a)所示的一阶惯性环节(*RL* 电路)上，其输出电流 $i(t)$对不同窄脉冲的响应波形如图 4.22(b)所示。从波形可以看出，在 $i(t)$的上升段，$i(t)$的形状也略有不同，但其下降段则几乎完全相同。脉冲越窄，各 $i(t)$响应波形的差异也越小。如果周期性地施加上述脉冲，则相应 $i(t)$也是周期性的。用傅里叶级数进行分解可看出，各 $i(t)$在低频段的特性非常接近，仅在高频段有所不同。

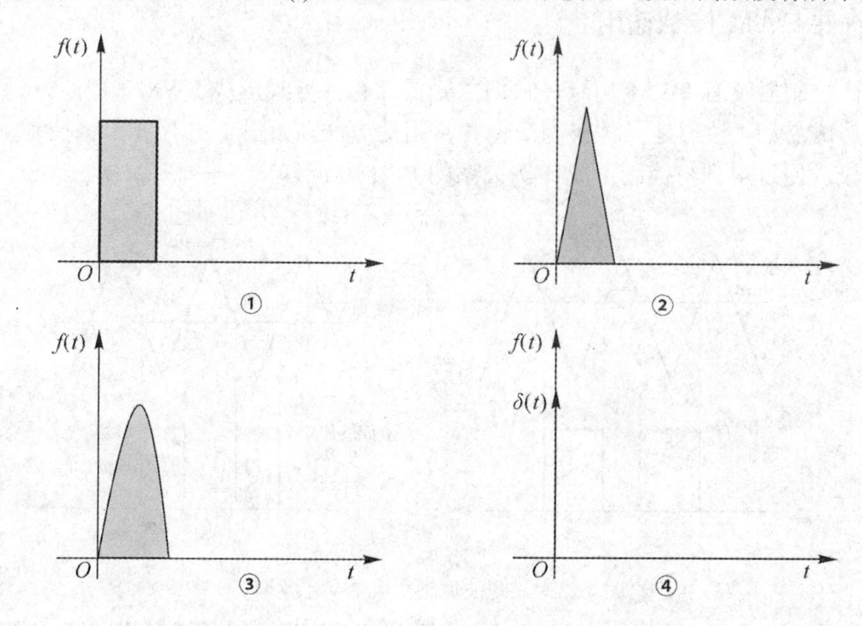

图 4.21　形状不同而冲量相同的各种窄脉冲

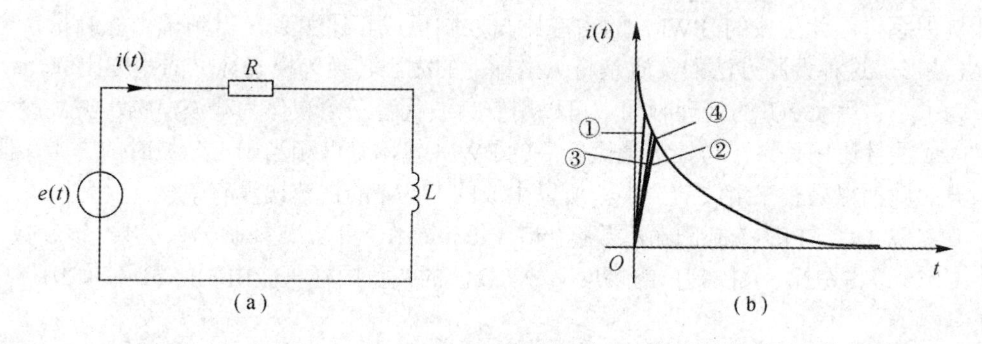

图 4.22　冲量相同的各种窄脉冲的响应波形

通过以上分析，可以看出基于面积等效原理，PWM 控制输出的基本思路就是以简单的矩形波等效代替其他的复杂波形，将控制量的大小这个高度量用脉冲宽度的时间量来表示。

2. PWM 相关概念

占空比：输出的 PWM 中，高电平保持的时间与该 PWM 的时钟周期的时间之比。

例如：脉冲宽度为 1 μs，信号周期 4 μs 的脉冲序列占空比为 1∶4 或 0.25。

分辨率：占空比最小能达到的量级。分辨率的计算公式是 $P = 1/2^n$(n 为位数)。

3. PWM 调温原理

PWM 调温原理是将采样值与设定值进行比较，比较完的差值进行 PID 算法运算，其输出值经过 PWM 后，占空比随 PID 输出值而调整脉冲波形，进而控制加热电阻的通断时间，达到对热敏电阻加热的控制，实现较精确地控制温度的功能。

4.5.2 软件 PWM 控制输出

一些微控制器没有 PWM 功能，它们主要依靠软件方式形成 PWM 输出，其中利用三角波调制形成 PWM 波形是一种较为简便和常用的方法。如图 4.23 所示，将控制量与三角波进行比较，便可得到与控制量成比例关系的 PWM 波形。

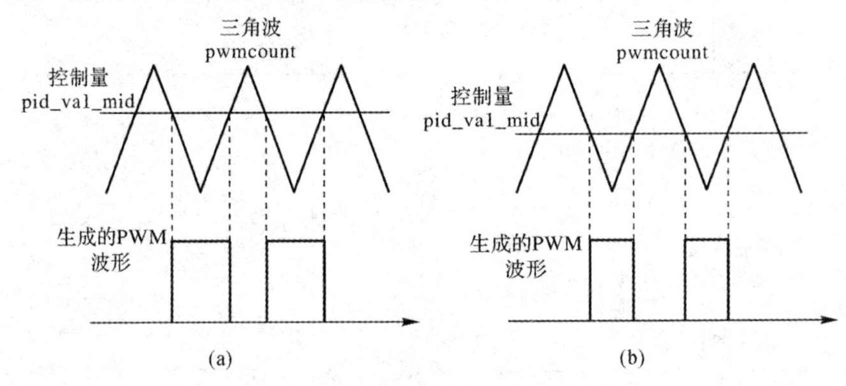

图 4.23　三角波调制生成 PWM 波形

当控制量 pid_val_mid 大于三角波 pwmcount 时，PWM 输出有效，电源接通加热电阻，使系统升温，反之则加热电阻断电，系统向周围环境散热。由于三角波的高度与时间成线性比例关系，因此生成的 PWM 的占空比与控制量成正比关系，得到了由控制量决定的 PWM 波形。这种调制方法的实质是将纵坐标上的大小转换为横坐标上的宽度比例。

为了不占用 CPU 的处理时间，可以用锯齿波代替三角波作为载波，锯齿波高度同样与时间成线性比例关系，与控制量比较后的 PWM 输出宽度相当于三角波时的一半，同时锯齿波的周期也只有三角波的一半，所以生成的 PWM 的占空比没有改变。

要实现 4.4 节 PID 控制的输出数据(pid_val_mid)作为 PWM 控制输入参数，该参数为 8 位，共 255 级占空比，与控制量的幅度一致，载波的幅值同样只能由 8 位表示，如例程 4.11 所示。

例程 4.11　软件实现的 PWM 输出，代码如下：

```
pwmcount++;                                  //生成锯齿波
if(pwmcount > 255)
{
    pwmcount = 0;
}

if(pwmcount >= pid_val_mid)                  //载波与控制量比较，生成 PWM
  GPIO_ResetBits(GPIOB,GPIO_Pin_15);         //断开加热电阻，降温
```

```
else
    GPIO_SetBits(GPIOB,GPIO_Pin_15);                    //接通加热电阻，升温
```

此段程序是安排在主函数中的，因此生成的 PWM 波形的周期为 255 × 主程序循环周期。

4.5.3　硬件 PWM 控制输出

使用软件生成的 PWM 波形会占用 CPU 资源，受此限制 PWM 的控制周期较长，PWM 的分辨率也不可能做得太高，这些都将影响整个 PID 控制的最终效果。在 STM32 微控制器中已经包含有 PWM 模块，所以可以采用硬件控制的 PWM 输出。

1. PWM 引脚的复用与重映射

由图 4.12 可知，加热电阻受引脚 PB15 控制，PID 控制的 PWM 输出将加载到这个引脚上。继续在原理图上查询引脚 PB15，可以发现 PB15 引脚有多项功能，如图 4.24 所示，其中的 TIM1_CH3N 表示 PB15 引脚经过适当的配置，可以用作定时器 1 的第 3 通道的负向输出 PWM 波形。

SPI2_MISO　PB1453　PB13/SPI2_SCK/USAK
SPI2_MOSI　PB1554　PB14/SPI2_MISO/USAK
PB15/SPI2_MOSI
TIM1_CH3N

图 4.24　引脚 PB15 的多项功能

查阅芯片的数据手册，可得表 4.2。从表 4.2 中可以看出可实现 TIM1_CH3N 输出的引脚有 PB15、PB1 和 PE12，其中 PB15 是没有重映射的。

表 4.2　TIM1 复用功能重映射

复用功能重映射	TIM1_REMAP[1:0] = 00 (没有重映射)	TIM1_REMAP[1:0] = 01 (部分重映射)	TIM1_REMAP[1:0] = 11 (完全重映射)①
TIM1_ETR	PA12		PE7
TIM1_CH1	PA8		PE9
TIM1_CH2	PA9		PE11
TIM1_CH3	PA10		PE13
TIM1_CH4	PA11		PE14
TIM1_BKIN	PB12②	PA6	PE15
TIM1_CH1N	PB13②	PA7	PE8
TIM1_CH2N	PB14②	PB0	PE10
TIM1_CH3N	PB15②	PB1	PE12

注：① 重映射只适用于 100 和 144 脚的封装；② 重映射不适用于 36 脚的封装。

2. 硬件输出 PWM 的实现代码

硬件输出 PWM 是定时器的功能之一，要实现这个功能，需要对定时器的时基部分和输出比较部分进行正确的初始化，如例程 4.12 所示。可以在定时器时基产生定时中断时，

用 PID 运算的结果更新 PWM 波形占空比，实现温度的自动控制。在定时中断里还可以安排数码管扫描和键盘扫描程序。综合这几方面的因素，设置定时中断周期为 5 ms，PWM 分辨率为 0.05%。

例程 4.12　定时器初始化，代码如下：

```
void Tim_Configuration(void)  //定时器配置
{
  TIM_TimeBaseInitTypeDef   TIM_TimeBaseStructure;
  TIM_OCInitTypeDef   TIM_OCInitStructure;
  RCC_APB2PeriphClockCmd(RCC_APB2Periph_TIM1,ENABLE);   // TIM1 时钟使能

  //时基单元配置
  TIM_TimeBaseStructure.TIM_Period = 2000;      // 5 ms 定时时间常数，PWM 分辨率 0.05%
  TIM_TimeBaseStructure.TIM_Prescaler = 71;     // 71 + 1,将 72MHz 进行 72 分频,即得到 1MHz
  TIM_TimeBaseStructure.TIM_ClockDivision = 0;
  TIM_TimeBaseStructure.TIM_CounterMode = TIM_CounterMode_Up;
  TIM_TimeBaseStructure.TIM_RepetitionCounter=0;
  TIM_TimeBaseInit(TIM1, &TIM_TimeBaseStructure);

  TIM_InternalClockConfig(TIM1);                //此句可屏蔽，默认选为内部时钟

 /*配置 TIM1_CH3 为 PWM 输出模式*/
  TIM_OCInitStructure.TIM_OCMode = TIM_OCMode_PWM1;
  TIM_OCInitStructure.TIM_OutputNState = TIM_OutputNState_Enable;
  TIM_OCInitStructure.TIM_Pulse = 1000;
  TIM_OCInitStructure.TIM_OCNPolarity = TIM_OCNPolarity_High;
  TIM_OC3Init(TIM1, &TIM_OCInitStructure);

  TIM_ITConfig(TIM1, TIM_IT_Update, ENABLE);              //允许更新中断
  TIM_Cmd(TIM1, ENABLE);
  TIM_CtrlPWMOutputs(TIM1, ENABLE);
}
```

在例程 4.12 中，初始化输出比较模块时需要特别注意 TIM_OCMode 和 TIM_OCNPolarity 两个项目的配置，如果这两个项目配置错误，会导致整个控制过程从负反馈变成正反馈，最终使得温度失控。

配置完定时器后，还需要在 NVIC 中打开定时器的溢出中断，并在中断服务程序中更新 PWM 占空比，如例程 4.13 所示。在将 PID 控制输出值至 TIMx_CCR3 时可能有一个比例转换，如语句 TIM_SetCompare3(TIM1, pid_val_mid*2000/1000) 中的表达式 pid_val_mid*2000/1000，表示 PWM 最大计数值 2000，与 PID 最大输出 1000 对应。

例程 4.13　定时中断初始化与中断服务函数，代码如下：

```
void NVIC_init(void)
{
  NVIC_InitTypeDef NVIC_InitStructure;

  NVIC_InitStructure.NVIC_IRQChannel = TIM1_UP_IRQn;        // TIM1 定时中断通道使能
  NVIC_InitStructure.NVIC_IRQChannelPreemptionPriority = 0;
  NVIC_InitStructure.NVIC_IRQChannelSubPriority = 1;
  NVIC_InitStructure.NVIC_IRQChannelCmd = ENABLE;
  NVIC_Init(&NVIC_InitStructure);
}

// TIM1 定时更新中断函数
void TIM1_UP_IRQHandler(void)
{
  if (TIM_GetITStatus(TIM1, TIM_IT_Update) != RESET)
  {
    TIM_ClearITPendingBit(TIM1, TIM_IT_Update);
    TIM_SetCompare3(TIM1, pid_val_mid*2000/1000 );      //写 PID 控制输出值至 TIMx_CCR3

    //数码管扫描输出
    //扫描按键
    // PID 计算周期控制
  }
}
```

完成以上的软硬件设计后，预先设置的比例、积分、微分参数不一定是最优参数，要达到自动控制系统“稳、准、快”的要求，还需要根据系统的反应，反复调整比例、积分、微分参数。关于如何调整比例、积分、微分参数，这里不再赘述，请读者参考自动控制原理的有关书籍和文献。调整好的比例、积分、微分参数应写入 EEPROM，使其掉电后能保存，重新上电时不用重新调整和设置。读者可结合本书第 2 章的实验九，完善比例、积分、微分参数的保存功能。

习题

(1) 改变例程 4.11 中的 PWM 频率，对输出结果是否有影响？如何修改 PWM 频率？

(2) 如将例程 4.11 生成 PWM 的程序放入定时中断来实现是否合适？为什么？

(3) 分别采用上升锯齿波、下降锯齿波和三角波作为载波，产生的 PWM 波形有何不同？

(4) 如何修改例程 4.10，使得 PID 输出最大值如例程 4.13 所示，达到 1000？

(5) 引脚的复用与重映射有什么区别？复用和重映射技术给嵌入式系统带来了什么好处？

附录　开发板原理图

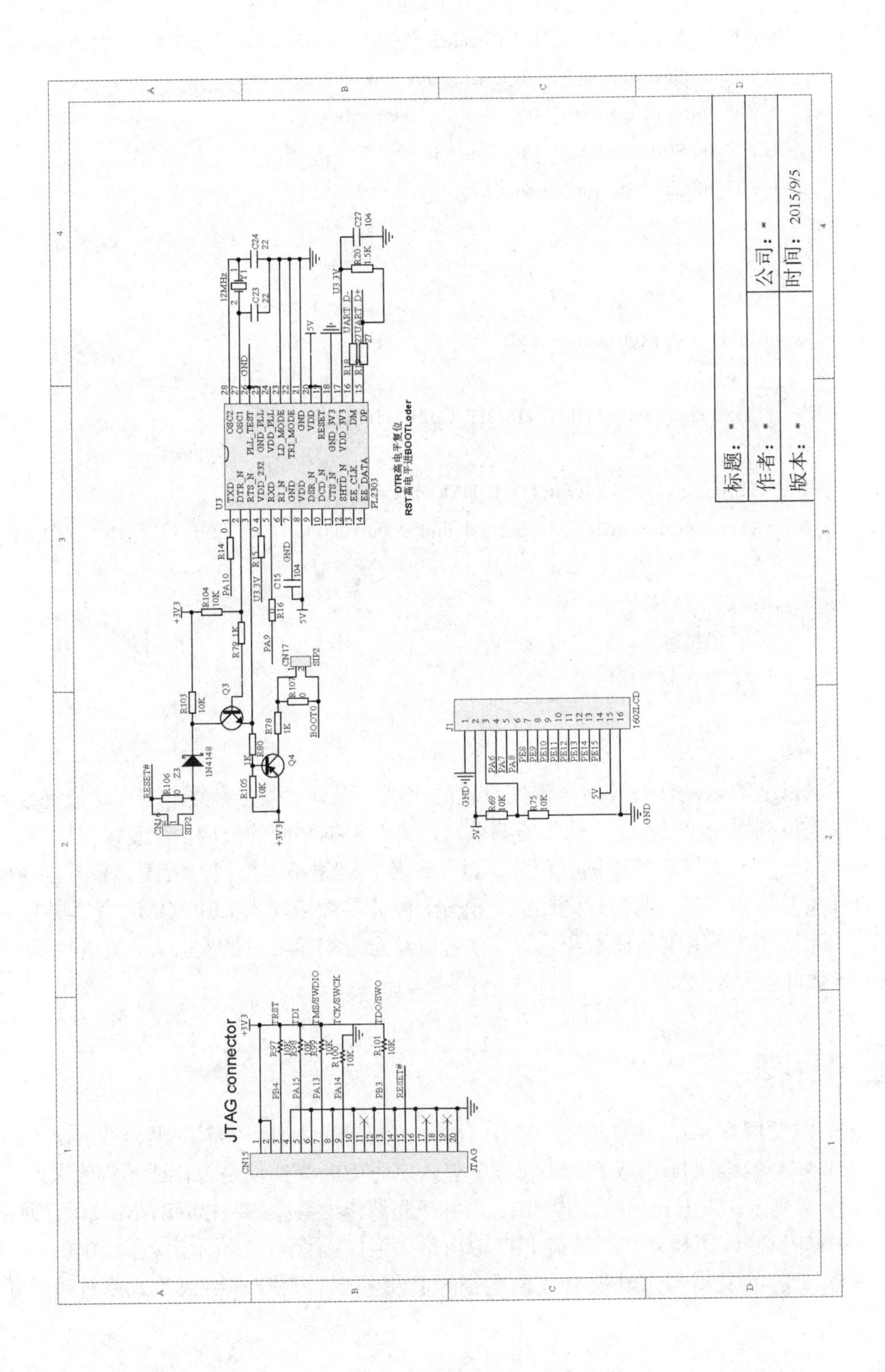

JTAG connector
PL2303
1602LCD
DTR高电平复位
RST高电平进BOOTLoder
标题：*
作者：*
版本：*
公司：*
时间：2015/9/5

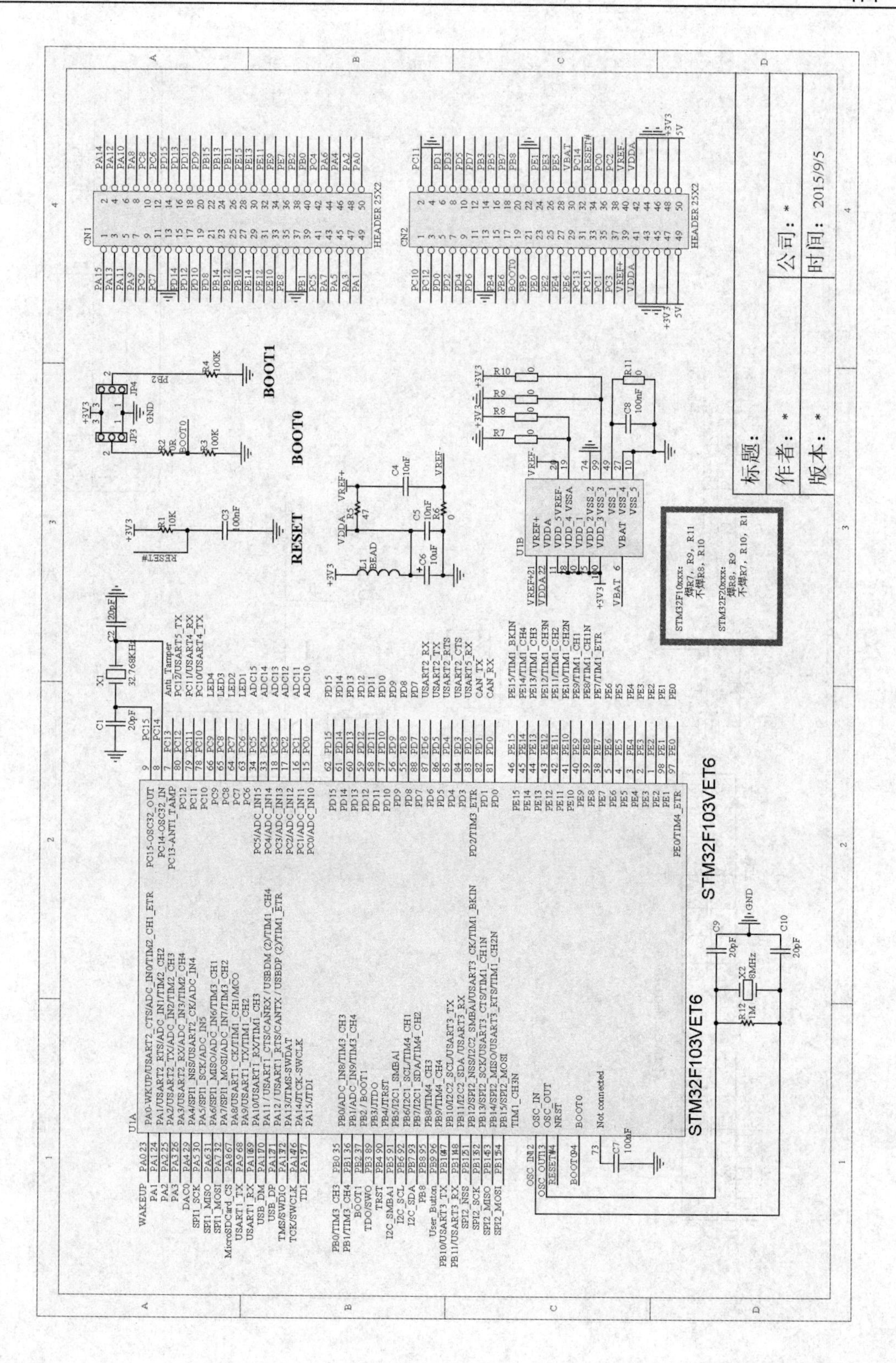
STM32F103VET6
BOOT0
BOOT1
RESET
CN1
CN2
HEADER 25X2
U1A
U1B
标题：*
作者：*
版本：*
公司：*
时间：2015/9/5

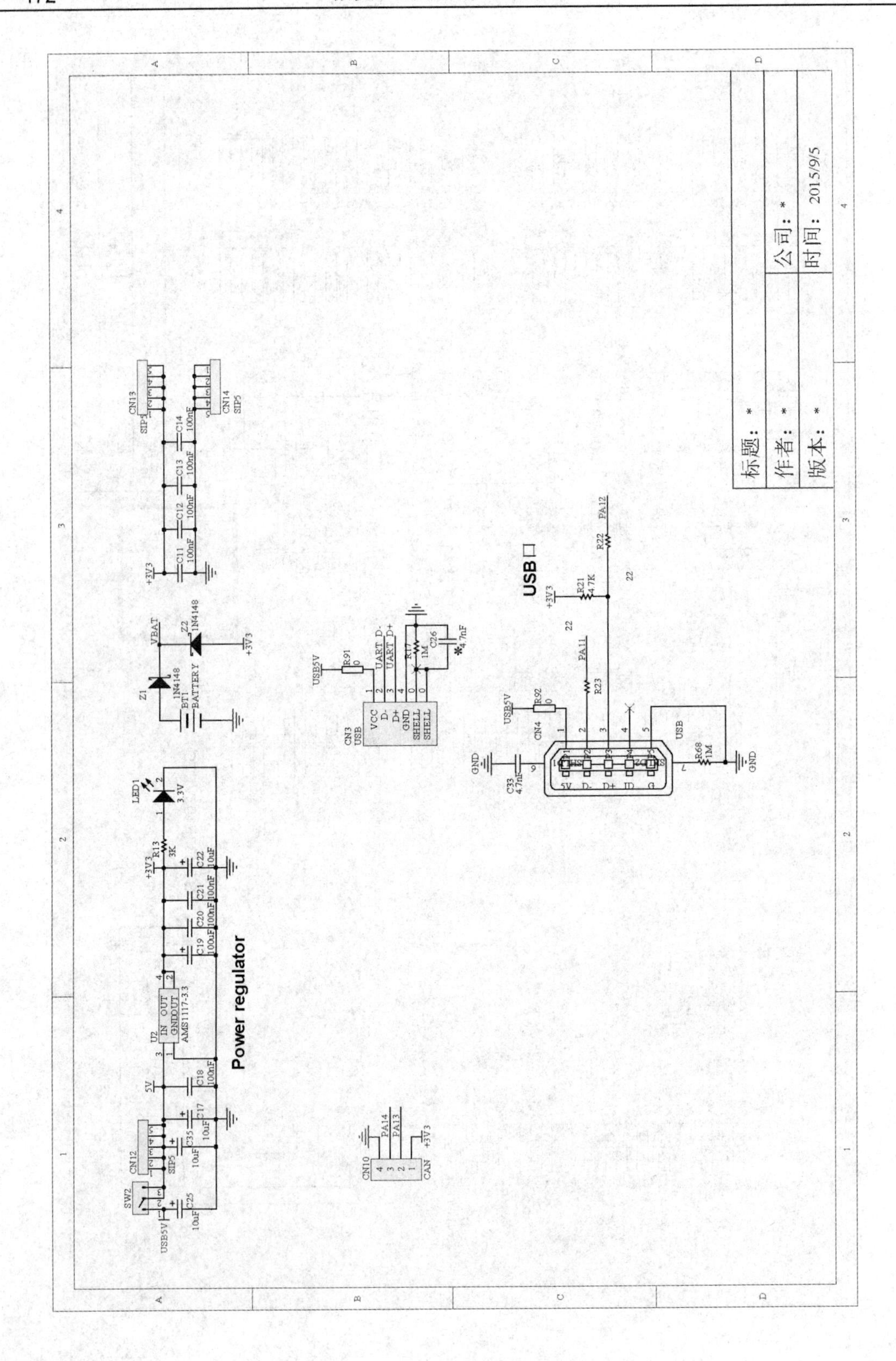
Power regulator
USB口
AMS1117-3.3
BATTERY
标题：*
作者：*
版本：*
公司：*
时间：2015/9/5

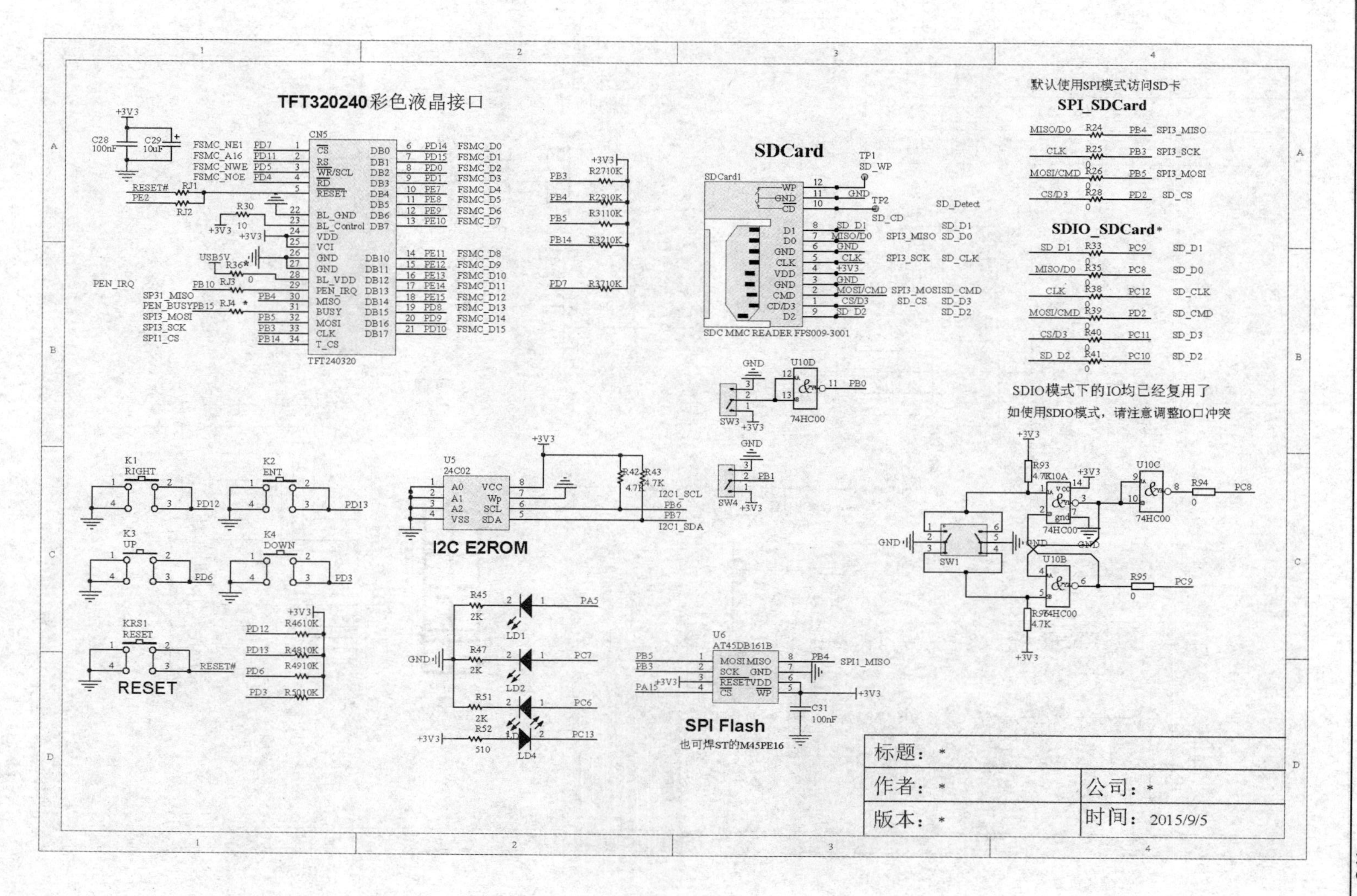
TFT320240彩色液晶接口
SDCard
默认使用SPI模式访问SD卡
SPI_SDCard
SDIO_SDCard*
SDIO模式下的IO均已经复用了
如使用SDIO模式，请注意调整IO口冲突
I2C E2ROM
RESET
SPI Flash
也可焊ST的M45PE16
标题：*
作者：*
版本：*
公司：*
时间：2015/9/5

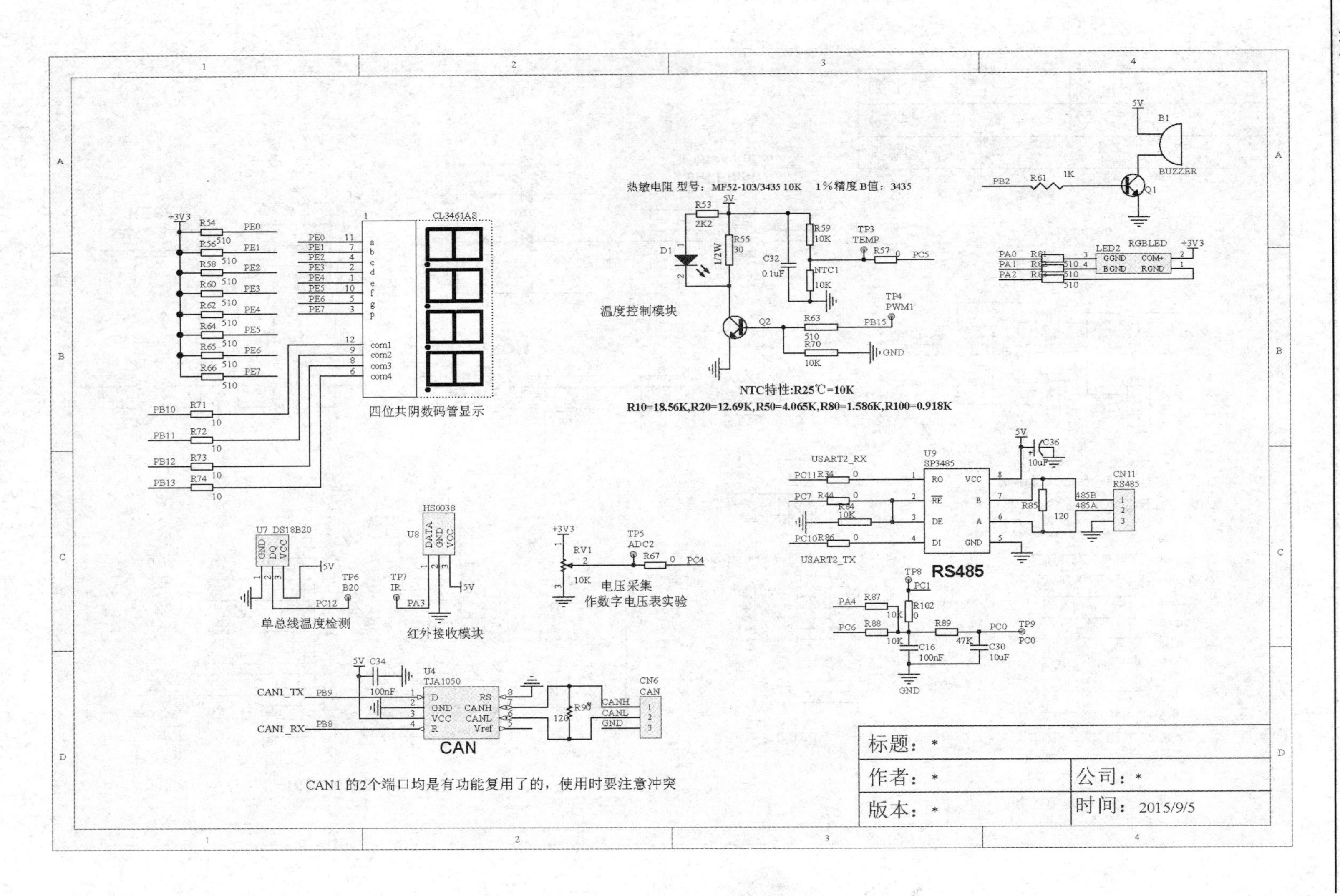

热敏电阻 型号：MF52-103/3435 10K　1%精度 B值：3435
温度控制模块
NTC特性:R25℃=10K
R10=18.56K,R20=12.69K,R50=4.065K,R80=1.586K,R100=0.918K
BUZZER
RGBLED
CL3461AS
四位共阴数码管显示
RS485
SP3485
电压采集
作数字电压表实验
单总线温度检测
红外接收模块
CAN
TJA1050
CAN1 的2个端口均是有功能复用了的，使用时要注意冲突
标题：*
作者：*
版本：*
公司：*
时间：2015/9/5

参 考 文 献

[1] http:// www.st.com .
[2] http:// www.keil.com.
[3] 姚琳，万亚东，汪红兵. 微机原理与接口技术：嵌入式系统描述[M]. 北京：清华大学出版社，2019.
[4] 刘火良，杨森. STM32 库开发实战指南[M]. 2 版. 北京：机械工业出版社，2017.
[5] 刘显荣. 微机原理与嵌入式接口技术[M]. 西安：西安电子科技大学出版社，2016.
[6] 张勇. ARM Cortex-M3 嵌入式开发与实践：基于 STM32F103[M]. 北京：清华大学出版社，2017.
[7] 高显生. STM32F0 实战：基于 HAL 库开发[M]. 北京：机械工业出版社，2017.
[8] 王锦标. 计算机控制系统[M]. 3 版. 北京：清华大学出版社，2018.
[9] 张毅刚. 单片机原理及接口技术(C51 编程)[M]. 2 版. 北京：人民邮电出版社，2016.
[10] STM32F103VC datasheet. STMicroelectronics，2015.
[11] STM32F10xxx programming manual. STMicroelectronics，2017.